Ernst Brücke

# Untersuchungen über den Farbenwechsel des afrikanische Chamäleons

Ernst Brücke

**Untersuchungen über den Farbenwechsel des afrikanische Chamäleons**

ISBN/EAN: 9783744611275

Hergestellt in Europa, USA, Kanada, Australien, Japan

Cover: Foto ©berggeist007 / pixelio.de

Weitere Bücher finden Sie auf **www.hansebooks.com**

# Untersuchungen

über den

## FARBENWECHSEL

des

# AFRIKANISCHEN CHAMÄLEONS.

Von

## ERNST BRÜCKE,

wirklichem Mitgliede der kais. Akademie der Wissenschaften.

Herausgegeben

von

## M. v. Frey.

Mit 1 Tafel.

———————————•———————————

LEIPZIG

VERLAG VON WILHELM ENGELMANN

1893.

# Untersuchungen über den Farbenwechsel des afrikanischen Chamäleons.

### Von

## Ernst Brücke,

wirklichem Mitgliede der kais. Akademie der Wissenschaften.

*(Tafel LX—LXI.)*

(Gelesen in den Sitzungen der mathematisch-naturwissenschaftlichen Classe
am 4. December 1851 und 2. Februar 1852.)

In einer unserer akademischen Sitzungen, zu Anfang des
Sommers 1851, wurde auf Antrag des Herrn Dr. *Fitzinger*
beschlossen, lebende Chamäleonen aus Ägypten kommen zu
lassen, damit neue Untersuchungen über dieses merkwürdige
Thier, namentlich über den Farbenwechsel desselben, angestellt würden. Ich wendete mich in dieser Angelegenheit an
Herrn Dr. *Lautner*, welcher sich damals noch in Kairo auf-
hielt, und schon in der letzten Hälfte des August langten hier
zehn lebende Chamäleonen an, welche er auf seinen Excur-
sionen gesammelt hatte, um sie nun der Akademie zum Ge-
schenke zu machen. Sechs derselben wurden mir überliefert,
während die vier übrigen zur weiteren Beobachtung ihrer
Lebensweise und ihrer Eigenthümlichkeiten in dem hiesigen
Hof-Naturalien-Cabinete verblieben. In den folgenden Blättern
sind die Beobachtungen enthalten, welche ich über den Farbenwechsel bisher gemacht habe. Da ich[a]) durch meine Untersuchungen, welche ich mit aller Musse und vielleicht mit voll-
kommneren Hülfsmitteln als meine Vorgänger anstelle, und
so ihre Angaben theils bestätigen, theils berichtigen und durch
neue vermehren konnte, sah ich mich genöthigt eine nicht
unbeträchtliche Menge von literarischen Notizen und Auszügen
aus fremden Abhandlungen der meinigen beizugeben, und ich

---

[a]) Siehe die Anmerkungen am Schluss.

1 *

bemerkte bald, dass ihr Umfang wenig vermehrt werden würde,
wenn ich ihr eine förmliche Geschichte der Meinungen voran-
schickte, die von den Gelehrten verschiedener Zeiten über den
Farbenwechsel des Chamäleons geäussert worden sind. Ich
habe desshalb nicht angestanden eine solche zu verfassen, da
ich einsah, dass hierdurch denen, welche sich nach mir mit
diesem Gegenstande beschäftigen, eine Mühe erspart sein
würde, welche nicht gering zu achten ist, wenn man den
Umfang der fraglichen Literatur kennt und weiss wie viel
unerquickliches Geschwätz man bei dem allseitigen Interesse.
das unser Thier unter Naturforschern und Laien erregt hat,
durchlesen muss, um an die Quellen der Kenntnisse zu ge-
langen, welche wir über den Farbenwechsel, die veranlassenden
Ursachen und die innere Mechanik desselben besitzen.

Um nicht eine unnütze Masse werthlosen Materials mit-
zuschleppen und doch dem Leser eine vollständige Uebersicht
über die Entwickelung unserer Kenntnisse zu geben, habe
ich mit Ausnahme der Schriftsteller [180] des Alterthums und
solcher Männer, die wie *Baco* und *Cuvier* durch ihre Autori-
tät maassgebend geworden sind, nur diejenigen angeführt, von
denen es feststeht, dass sie selbst an lebenden Chamäleonen
beobachtet haben; dagegen bin ich bemüht gewesen, so weit
es mir möglich war, aus den Quellen selbst zu schöpfen, und,
so weit es der Raum gestattete, die eigenen Worte der Schriftsteller wieder zu geben.

Beginnen wir mit dem, was uns von dem Vater der Naturgeschichte über unsern Gegenstand aufbehalten ist.

Τῆς δὲ χροιᾶς ἡ μεταβολὴ ἐμφυσωμένῳ αὐτῷ γίγνεται.
ἔχει δὲ καὶ μέλαιναν ταύτην, οὐ πόρρω τῆς τῶν κροκοδείλων,
καὶ ὠχρὰν καθάπερ οἱ σαῦροι, μέλανι ὥσπερ τὰ παρδάλια
διαπεποικιλμένην. γίνεται δὲ καθ'ἅπαν τὸ σῶμα αὐτοῦ ἡ τοιαύτη μεταβολή. καὶ γὰρ οἱ ὀφθαλμοὶ συμμεταβάλλουσιν ὁμοίως
τῷ λοιπῷ σώματι καὶ ἡ κέρκος. ἡ δὲ κίνησις αὐτοῦ νωθὴς
ἰσχυρῶς ἐστι, καθάπερ ἡ τῶν χελωνῶν. καὶ ἀποθνῄσκων τε
ὠχρὸς γίνεται, καὶ τελευτήσαντος αὐτοῦ ἡ χροιὰ τοιαύτη ἐστίν.
(*Aristot. Hist. anim.* II, 11, p. 503, b, 2, *Bekk.*)

So *Aristoteles*, der nur das Aufblähen und den Tod
als veranlassende Ursachen zur Farbenveränderung aufführt.
Der älteste Schriftsteller, welcher aussprach, dass das Chamäleon aus Furcht seine Farbe verändere, scheint *Theo-
phrast* zu sein.

Μεταβάλλει γὰρ ὁ μὲν χαμαιλέων οὐδέν τι μηχανώμενος, οὐδὲ κατακρύπτων ἑαυτόν, ἀλλ᾽ ὑπὸ δέους ἄλλως τρέπεται, φύσει ψοφοδεὴς ὢν καὶ δειλός. συνέπεται δὲ καὶ πνεύματος πλῆθος, ὡς Θεόφραστος heisst es beim *Plutarch* (de solertia animalium, Stereotypausgabe, Leipzig 1829, Band V, p. 475); es ist jedoch zweifelhaft, ob ὡς Θεόφραστος nur auf συνέπεται δὲ καὶ πνεύματος πλῆθος, oder auf den ganzen vorhergehenden Satz zu beziehen sei.

Die Meinung, dass das Chamäleon die Farbe seiner Umgebungen annehme, findet sich zuerst beim *Antigonus Carystius*, bei welchem es in der συναγωγῇ παραδόξων ἱστοριῶν Cap. 29 und 30 (Παραδοξογράφοι, ed. *A. Westermann*, 1839, p. 68 sq.) heisst: Θαυμαστὰ δὲ καὶ τὰ τοῖς τόποις συναφομοιούμενα, οἷον ὅ τε πολύπους· γίνεται γὰρ ἀδιάγνωστος τῷ χρώματι τοῦ ἐδάφους καὶ παντὸς ᾧ ἂν περιπλακῇ, ὥστε εἶναι δύσεργον αὐτοῦ τὴν θήραν· ὅθεν δῆλον καὶ ὁ ποιητὴς τὸ θρυλλούμενον ἔγραψεν·

Πουλύποδος ὡς τέκνον ἔχων ἐν στήθεσι θυμὸν
Τοῖσιν ἐφαρμόζειν.

γίνεται δὲ ταυτὸν καὶ περὶ τὸν χαμαιλέοντα· καὶ γὰρ τοῖς στελέχεσι τῶν δένδρων καὶ τοῖς φύλλοις καὶ τῇ γῇ τὸν αὐτὸν τρόπον ἅπαντι τόπῳ συμμεταβάλλει τὴν χροιάν.

Eben so heisst es später in Ovid's Metamorphosen Lib. XV, v. 110 und 111.

Id quoque quod ventis animal nutritur et aura
Protinus assimilat tetigit quoscunque colores.

Mehr schon hatte *Seneca* der Erscheinung des Farbenwechsels nachgedacht, über welchen er sich im ersten Buche der *Quaestiones naturales* (1, 5, 7, *ed. Fr. Hause*, Lips. 1852) folgendermassen ausspricht: »Non minus nubes diversam naturam speculis habent quam aves, quas retuli, et chamaeleontes et alia animalia, quorum color aut ex ipsis mutatur, cum ira vel cupidine incensa cutem suam variant humore suffuso, aut positione lucis, quam prout rectam vel obliquam receperunt, ita colorantur.«

*Plinius* hingegen scheint nur die herrschende Ansicht seiner Zeit wieder zu geben, wenn er sagt: »Et coloris natura mirabilior, mutat namque eum subinde et oculis et cauda et toto corpore, redditque semper quemcunque proxime attingit, praeter rubrum candidumque. Defuncto pallor est.« (*Histor. naturalis VIII*, 33, *ed. Sillig*. Tom. II, pag. 103.)

Fast zweihundert Jahre später finden wir die Kenntniss dieses Gegenstandes in nichts vorgerückt, indem *C. Julius Solinus* bei der Beschreibung eines, wie er glaubt äthiopischen zum *Genus cervus* gehörigen Thieres, welches er Tarandus[1]) nennt, sagt: »Hunc tarandum affirmant habitum metu vertere et, cum [181] delitescat, fieri assimilem cuicunque rei proximaverit, sive illa saxo alba sit, seu fructeto virens; sive quam aliam praeferat qualitatem. Faciunt hoc idem in mare polypi in terra chamaeleontes: sed et polypus[2]) et chamaeleon glabra sunt, ut sit pronius cutis laevitatem proximanti aemulari.« (*Solinus Polyhistor*, Cap. XXX. *ed. Bipont.* pag. 121.} (1)

So irrig auch diese Ansicht war, so lag ihr doch immer eine naturwissenschaftliche Vorstellung zum Grunde, nämlich die, dass das von den Umgebungen kommende farbige Licht von der Haut reflectirt werde, und sie ist somit noch immer den Fabeleien des *Aelian* vorzuziehen, der in dem vierzehnten Capitel des zweiten Buches der Naturgeschichte (*de natura animalium libri XVII, ed. Schneider*, Lipsiae 1784, pag. 52) sagt: „Χαμαιλέων τὸ ζῶον εἰς ἰδίαν μίαν χρόαν οὐ πέφυκεν οὔτε ὁρᾶσθαι οὔτε γνωρίζεθαι. κλέπτει δὲ ἑαυτὸν πλανῶν τε ἅμα καὶ παρατρέπων τὴν τῶν ὁρώντων ὄψιν. Εἰ γὰρ περιτύχοις μέλανι τὸ εἶδος, ὅδε ἐξέτρεψε τὸ μόρφωμα εἰς χλωρότητα, ὡσπεροῦν μεταμφιασάμενος. εἶτα μέντοι ἄλλοιος ἐφάνη, λευκό-

---

1) Die Meinung der Commentatoren, dass das τάρανδον oder τάραντον der Alten das Rennthier (*Cervus tarandus* Linn.) sei, findet in den uns aufbehaltenen Schriftstellern wenig Unterstützung. Ἐν δὲ Σχύθαις τοῖς χαλουμένοις Γελωνοῖς φασι θηρίον τι γίνεσθαι, σπάνιον μὲν ὑπερβολῇ, ὃ ὀνομάζεται τάρανδος ........ τὸ δὲ μέγεθος ὡσανεὶ βοῦς. τοῦ δὲ προσώπου τὸν τύπον ὅμοιον ἔχει ἐλάφῳ heisst es bei *Aristoteles (Mirab. auscult.* XXX, ed. *Westermann*, Brunsvig. 1839, p. 9. *Antigonus Carystius* nennt es ὄντα τετράπουν καὶ σχεδὸν ἴσον ὄνῳ καὶ παχύδερμον καὶ τετριχωμένον (l. c.). *Plinius* sagt: (Scytharum) Tarando magnitudo quae bovi: caput maius cervino, nec absimile: cornua ramosa, ungulae bifidae, villus mAgnitudine ursorum. Sed cum libuit sui coloris esse, asini similis est. Tergori tanta duritia, ut thoraces ex eo faciant (*Hist. nat. Lib.* VIII, 34, l. c. p. 104. *Solinus* selbst sagt: »(Eadem Aethiopia) mittit et tarandum, boum magnitudine, bisulco vestigio, ramosis cornibus, capite cervino, ursino colore et pariter villo profundo« (l. c.).

2) Man ersieht aus dieser Stelle wie aus der oben dem *Antigonus* entnommenen, dass bei den Alten ein ganz ähnlicher Irrthum über den Farbenwechsel des Cephalopoden verbreitet war, wie solcher über den des Chamäleons herrschte, während *Plutarch* l. c. sagt: der Polyp (Octopus) ändere seine Farbe willkürlich, das Chamäleon aber nur aus Furcht.

τητα ὑποδὺς, καθάπερ προσωπεῖον ἕτερον ἢ στολὴν ὑποκριτὴς
ἄλλην. Ἐπεὶ τοίνυν ταῦθ᾽ οὕτως ἔχει, φαίη τις ἂν καὶ τὴν
φύσιν μὴ καθεύουσαν μηδ᾽ ἐπιχρίουσαν φαρμάκοις, ὡσπεροῦν
ἢ Μήδειάν τινα ἢ Κίρκην, καὶ μέντοι καὶ ἐκείνην φαρμακίδα
εἶναι.“

Die Ansicht, dass das Chamäleon die Farben seiner Umgebungen wiedergebe, war auch so lange die herrschende,
dass selbst *Baco* ihr, wenn auch nicht unbedingt, huldigt.
In dem dreihundert und sechzigsten Artikel der vierten Centurie der *historia naturalis* heisst es nach *Arnold's* Ausgabe
(Leipzig 1694): »Color viridis est ac subflavus, versus ab-
domen magis albore allucescens, interspersa tamen maculis
caeruleis, albis, rubris. Rebus virore coloratis impositus,
caeteris quasi extinctis coloribus viret. Flavescit, flavo ad-
motus; coeruleo autem, rubro vel albo, satura tantum viridi-
tate effulgent maculae. Ex nigri contactu nigrescit, inter-
currente viroris mixtura.«

*Baco* scheint seine Nachrichten denen des *Landius* entnommen zu haben, welcher im Besitz von lebenden Chamäleonen war, aber kein besonderes Talent für ihre Beobachtung
gezeigt hat. Bei diesem heisst es: »Color naturalis viridis
admodum dilutus in tergo, at sub ventre dilutior, albicantique
propior, variabatur tamen totus rubris et caeruleis atque albis
punctis. Chamaeleontem in quoslibet mutari colores verum
non est. Super viridi viriditas augetur; super luteo temperatur ad luteum. Super caeruleo, aut rubro, aut albo non
vincitur viriditas nativa, sed puncta caerulea et rubra et alba
viridiorem validioremque sui speciem dant. Super nigro nigrescit, manet tamen tenor ille viredinis atro confusus. Etiam
haud mutato supposito colore, mutat ipse suum; vel metu, aut
molestia, aut oppressus aut solutus.«[1])

Erst eilf Jahre nach *Baco's* Tode wurden von *Nicolaus
Claudius Fabricius* von Peiresc vorurtheilsfreie Beobachtungen an lebenden Chamäleonen angestellt, und sein Bio-
graph *Peter Gassendus*[2]) sagt von ihm: »Falsum quoque exper-
tus est, chamaeleones induere rerum objectarum colores: seu

---

1) Vgl. *Camillo Ranzani de chamaeleontibus. Novi commentarii
Academiae scientiarum instituti Bononiensis.* Tom. III, pag. 219,
ferner: *Scaliger de subtilitate contra Cardanum Francofurti* 1576,
in 8. Exercit. 169, pag. 635.

2) *Viri illustris Nicolai Claudii Fabricii de Peiresc senatoris
aquisextiensis vita per Petrum Gassendum. Hagae comitis* 1651,

virides [182] enim, seu cinerei sint; atrorem solum quendum subennt qua parte ad solem aut ad ignem obvertuntur.« Hiermit war der erste Schritt zur Erkenntniss des merkwürdigen Einflusses geschehen, welchen das Licht auf die Farbe des Chamäleons ausübt. Unrichtig aber ist es, wie wir später sehen werden, wenn noch hinzugefügt wird: »praetera vero nihil immutentur.«

Wiederum zehn Jahre später beobachtete Herr *von Monconys* die Chamäleonen in ihrer Heimat; die Notizen, die er darüber in seiner Reisebeschreibung giebt, sind in derselben an zwei Stellen enthalten. Einmal heisst es: »Le Chaméléon ne prît pendent que je l'eus que sa couleur grise obscure, un très beau vert, et peu de jaune en quelques endroits.« (*Voyages de Monsier de Monconys*, Paris 1695, Bd. II, Theil 1, Seite 54.) An einer andern Stelle wird gesagt: »J'observai comme mon Chaméléon, qui était vert, entrant dans ma chambre; l'ayant mis sur une feuille de papier blanc devient noir, ce que j'attribuë à la chandelle, parce que l'ayant remis à l'ombre il reprît la couleur verte; il est vrai qu'au soleil il devient vert, étant sur la terre séche sans herbe, mais dans une chambre il se fait noir, puis fermé dans une armoire ou dans le sein, il se fait jaune et vert, qui sont les couleurs qu'il a seulement, car son gris est si obscur qu'on le doit prendre pour le noir, et le blanc tire sur le jaune.«   (Ibid. p. 274.)

Auch *Johann Vesling* fand in Ägypten Gelegenheit Chamäleonen zu sehen, worüber *Thomas Bartholin* in Nr. 52 der zweiten Centurie seiner *Historiae anatomicae* (*Hagae comitum* 1659, in 8. pag. 246) Folgendes mittheilt: »Mutatio haec colorum suas habet periodos, sicut Jos. Veslingius mihi retulit, qui plures chamaeleones in Aegypto vidit. Nam mane et circa vesperam virides colores ostendit,

---

p. 479. *Fabricius* von Peiresc war auch der erste, der eine im Allgemeinen richtige Vorstellung hatte von dem Mechanismus, durch welche die Zunge des Thieres beim Insectenfangen bewegt wird, denn an derselben Stelle heisst es: »Solent autem lingua, ut promuscide uti, quam, pedalis prope longitudinis, jaculi instar evibrant et tanta quidem celeritate, ut pene visus aciem effugiat. Id praestatur vero beneficio ossiculi, quod bifurcatione quadum implantatur utrimque ad extremas fauces, et caetera teres secundum oris longitudinem, deservit implicandae explicandae que linguae cavae scilicet, intestini instar nisi quod in summo caruncula est, non nihil viscida, ut praedam corripiat.«

circa meridiem ad nigrorem vergit, circa noctem
pallit, media nocte candicat.«

Im Jahre 1678 machte Dr. *Jonathan Goddard* seine
Beobachtungen an einem Chamäleon bekannt, die über den
Farbenwechsel Folgendes enthalten: »As to the colour of the
skin, it clearly appears mixed of several colours, like a med-
ly-cloth, lighter towards the belly; otherwise, near upon it,
equally mixed. The colours discernable are green, a sandy
yellow, a deeper yellow toward's a liver-colour: and indeed
one may easily fancy some mixture of all or most colours in
the skin; whereof some are more predominant at some times.
There are some permanent blak spots on the ridge of the
bak and on the head.«

»Upon excitation or warming she becomes sud-
denly full of blak spots of the bigness of great pins
heads, equally dispersed on the sides, whit small black
streaks on the eylids; all wich afterwards do vanish.«

»The skin is grained with globular inequalities, like the
leather called shagreen, or the eggs of flies. The grossest
grain is about the head, next on the ridge of the bak, next on
the legs; on the sides and belly finest. Wich perhaps in several
postures may schew several coleurs. And when the creature is
in full vigour, may also have in some sort rationem speculi
and reflect the colours of bodies adjacent: wich together with
the mixture of the colours in the skin may have given oc-
casion to the old tradition of changing into all colours.«[1])

Sehr ausführliche, aber keineswegs in ihren Resultaten
immer richtig gedeutete Beobachtungen aus jener Zeit ver-
danken wir den Pariser Akademikern und ich theile dieselben
in dem folgenden nach *Perrault*'s Angaben mit. Nach der
Beschreibung der kleinen Erhabenheiten, mit der die Haut
des Chamäleon übersäet ist, heisst es:

La couleur de toutes les éminences de nostre Caméléon,
lors qu'il estoit en repos à l'ombre et qu'il y avoit long-temps
que l'on ne lui avoit touché, estoit d'un gris bleuâtre, à la
reserve du dessous des pattes, qui estoit d'un blanc un peu
jaunâtre, et de l'intervalle des amas de grains, qui estoit
d'un rouge pâle et jaunâtre, comme il a esté dit. Et il y

---

1) *Philosophical transactions giving some accompt of the present
undertakings, studies and labours of the ingenious in many conside-
rable parts of the world.* Vol. XII, p. 930.

a apparence que la couleur naturelle de la peau du Caméléon, qui selon Aristote est le noir, estoit dans le nostre ce
gris qui le revestoit par tout lors qu'il estoit en repos, et
[183] qui est demeuré à l'envers de la peau quand il a esté
écorché; quoi que le dessus ait conservé quelque temps aprés,
les taches et les différentes couleurs qui y estoient au moment qu'il est mort, mais qui se sont presque toutes effacées
quand la peau a esté seiche.

Or ce gris qui coloroit tout le Caméléon exposé au grand
jour, se changeoit quand il estoit au Soleil; et tous les endroits de son corps, qui estoient frapez de la lumiére, pre-
noient au lieu de leur gris bleuastre, un gris plus brun et
tirant sur le minime. Le reste de la peau qui n'estoit point
éclairée du Soleil, changea son gris au plusieurs couleurs plus
éclatantes, qui formérent des taches de la grandeur de la
moitié du doit, qui descendoient de la creste de l'épine jus-
ques à la moitié du dos: d'autres parurent aussi sur les costez,
sur les bras et sur la queuë. Toutes ces taches estoient de
couleur Isabelle, par le mélange d'un jaune pâle, dont les
grains se colorérent, et d'un rouge clair, qui est la couleur du
fond de la peau qui paroist entre les grains.

Le reste de cette peau non éclairée du Soleil, et qui estoit
demeurée d'un gris plus pâle, que l'ordinaire, ressembloit aux
draps mêlez de laine de plusieurs couleurs: car on voyoit
quelque-uns de grains d'un gris un peu verdastre, d'autres
d'un gris minime, d'autres d'un gris bleuastre ordinaire, le
fond demeurant comme devant. Lors que le Soleil cessa de
luire, la premiére couleur grise revint peu à peu, et se ré-
pandit par tout le corps, à la reserve du dessous des pieds
qui demeura de sa premiére couleur, mais un peu plus brune.
Et lors qu'estant en cét estat, quelqu'un de la Compagnie le
mania pour observer quelque chose, il parut incontinent
sur ses épaules, et sur ses jambes de devant, plusieurs taches fort noirastres de la grandeur de
l'ongle; ce qui n'arrivoit point lors qu'il estoit manié par
ceux qui le gouvernoient. Quelquefois il devenoit tout mar-
queté de taches brunes, qui tiroient sur le vert. En suite
on l'envelopa dans un linge, où ayant esté deux ou trois minutes, on l'en retira blanchastre; mais non point si blanc que
celui dont parle Aldrovandus, qui disparut, estant devenu tout
à fait semblable au linge, dans lequel il avoit esté mis. Le
nostre, qui avoit seulement changé son gris ordinaire en un

gris fort pâle. aprés avoir gardé cette couleur quelque temps. la perdit insensiblement. Cette expérience nous fit douter qu'il soit vrai que le Caméléon prend toutes les couleurs hormis le blanc, comme Theophraste et Plutarque disent: car le nostre paroissoit avoir tant de disposition à recevoir cette couleur, qu'il devenoit pâle toutes les nuits, et quand il fut mort, il avoit plus de blanc que d'autre couleur. Nous n'avons point aussi trouvé qu'il change de couleur par tout le corps, ainsi qu'Aristote a dit: car quand il prend d'autres couleurs que sa grise, et qu'il se déguise comme pour aller en masque, ainsi qu'Elian dit agréablement, il n'en couvre que certaines parties de son corps. Enfin, pour achever l'expérience des couleurs que le Caméléon peut prendre, on le mit sur différentes choses de diverses couleurs. et on l'y envelopa: mais il ne les prit point, comme il avoit fait la blanche; et mesme il ne la prit que la premiére fois que l'expérience en fut faite. quoi qu'on la réiterast plusieurs foi en différens jours.

En faisant ces expériences. nous observâmes qu'il y avait beaucoup d'endroits de sa peau qui ne brunissoient jamais que fort peu. Pour estre plus certains de cela, nous marquâmes par de petits points d'encre ceux des grains qui nous paroissoient les plus blancs lors qu'il palissoit: et nous avons toujours trouvé que lors qu'il devenoit plus brun, et que sa peau se tachetoit, ces grains que nous avions marquez devenoient toûjours moins bruns que les autres . . . . . . . . . . . . . . .
. . . . . . . . . . . . . . . . . . . . . . . . . . . . . . . . . . . . .

Par ces observations nous crûmes n'avoir pas moins de sujet de douter de la vérité de la proposition, que les Anciens avoient avancée touchant la nourriture Aërienne du Caméléon, que nous en avions eû de rejetter celle qu'ils ont établie touchant le changement de couleur qu'ils ont dit lui arriver par l'attouchement des différentes choses dont il approche, aprés avoir observé, qu'à la reserve de la blancheur que nostre Caméléon prit dans un linge. toutes les autres couleurs, dont il se couvrit, ne lui vinrent point des choses qu'il touchoit. Et il est raisonnable de croire, que la blancheur qu'il receut dans un linge froid. où on le tint quelque temps caché sous un manteau, estoit un effet de la froideur qui le fait ordinairement pâlir, parceque ce jour-là estoit le plus froid de tous ceux pendant lesquels nous l'avons vû . . . . . . . . . . . .
. . . . . . . . . . . . . . . . . . . . . . . . . . . . . . . . . . . . .

[184] Mais sur tout, le changement de couleur arrestera
long-temps les curieux avant que d'en avoir découvert la
cause; et de pouvoir déterminer s'il se fait par Reflexion,
comme Solin estime; ou par Suffusion, comme Sénèque a
pensé; ou par le changement des dispositions des particules
qui composent sa peau, suivant la doctrine des Cartésiens.
Il est pourtant vrai, que la Suffusion est la plus aisée à
comprendre, principalement à ceux qui auront observé que
la peau du Caméléon a une couleur naturelle, qui est un gris
bleuastre que l'on lui voit par l'envers quand elle est écor-
chée; que l'on enléve aisément grand nombre de petites pellicules de dessus chacune des éminences, qui sont les seules
parties de la peau qui changent de couleur; et que ces pellicules sont séparées ou aisément séparables les unes des autres,
au lieu que celles qui composent le reste de la peau sont
collées éxactement ensemble. Car ces choses aiant esté ré-
marquées, on trouvera quelque probabilité à croire que la
bile, dont cét animal abonde, estant portée à la peau par le
mouvement des passions, s'insinuë entre les pellicules, et que
selon que la bile entre sous une pellicule plus proche, ou
plus éloignée de la superficie exterieure des éminences, elle
les tient de jaune ou de verdastre. Car on voit par expérience que le jaune mêlé avec le gris bleuastre fait une espece
de vert; en sorte qu'il n'est pas difficile de concevoir que la
même bile jaune répanduë sous une pellicule fort mince la
fasse paroître jaune, et qu'estant sous un peau plus épaisse,
elle mêle son jaune avec le gris bleuastre de cette peau, pour
produire un gris verdastre, qui avec le jaune sont les deux
couleurs que le Caméléon prend quand il est au Soleil, ou il
se plaist: car lors qu'il est émû par des choses qui l'importu-
nent, il n'est pas étrange que l'humeur noire et aduste qui
est dans son sang estant portée à la peau, y produise les
taches brunes qui y paroissent quand il se fâche; de même
que nous voyons que nos visages deviennent rouges, jaunes,
ou livides, selon que les humeurs, qui sont naturellement de
ces différentes couleurs, y sont portées. Par cette même
raison, lors qu'un mouvement contraire fait rentrer les humeurs, dont la peau est ordinairement imbuë, ou qu'elles se
dissipent en sorte que d'autres ne succédent point en leur
place, la peau devient blanche par la séparation des pellicules qui composent les petites éminences; car cette blancheur
leur arrive de même qu'à nostre épiderme, lors qu'estant

desséchée, et séparés par petites lames dans la maladie appelle l'ityriasis la peau blanchit extraordinairement, et semble estre frotée de farine. On pourra trouver quantité des telles raisons probables, avant que d'en avoir rencontré une dont on puisse demontrer la verité. (*Memoires pour servir a l'histoire des animaux redigées par Perrault*, Paris, p. 13 ff. *Memoires de l'Academie royale des sciences contenant les ouvrages adoptez par cette academie avant son renouvellement en 1699*, T. I, Paris 1731, p. 25 ff.)

Im Anfauge des achtzehnten Jahrhunderts finden wir einen gelehrten italienischen Naturforscher, *Antonio Vallisnieri* mit den Chamäleonen beschäftigt. Dieser verfasste über die Anatomie und Naturgeschichte unseres Thieres eine Abhandlung von hundert und einigen Quartseiten (*Istoria del Camaleonte Affricano e di vari animali d'Italia del Sig. Antonio Vallisnieri*. Venezia 1715), in welcher er sich, nachdem er seine Vorgänger scharf kritisirt hat, über die Ursache des Farbenwechsels Seite 12 folgendermassen ausspricht:

Se è lecito dir qualche cosa sopra un fenomeno cotanto oscuro, farò animo anch'io alla mia tepidezza, e paleserò a loro Signori i miei sospetti, giacchè dove si dratta di immaginare, giochiamo tutti d'accordo a indovinarla. Ma prima parmi necessario di toccar qualche cosa della struttura della pelle non toccata dagli altri (riserbandomi a descriverla più esattamente, quando parlerò della sua notomia), dalla quale trarremo non poco lume, per indagare la così facile mutazione de' colori nella medesima. Cioè ho osservato nella pelle di costoro due particolari prerogative, che per mio avviso, fanno tutto il giuoco de' medesimi. La prima si è una cosa, che a prima giunta, senza armar l'occhio di vetro, si vede, cioè una quantità innumerabile di solchi, o di piegoline, che formano come una rete maravigliosa, o come una maglia circondante tutto quanto il corpo, e le membra loro, le quali piegoline, o solchi io non ho mai potuto osservare nelle [185] lucertole, nei ramarri, nelle biscie, o serpenti, nelle salamandre, nelle botte o rospi, nè in altri simili animalucciacci a bella posta scorticati, e sparati all' aria, i quali non mutano sì d'improvviso i colori, segno evidente essere quelle la cagione e per così dire, la chiave di questo segreto, che così presto, e così facilmente si cangino. La seconda si è il giro dell' aria, che da' polmoni entra per piccoli sifoncini, che forano la pleura, ed il peritoneo, infra i diafani, e sottilissimi

muscoli del torace e dell' addomine, d' indi passa sotto la
cute, scorre velocemente per gli accennati solchi o pe' proprii
canali, e la riempie, e gonfia, e sattola di sè medesima come
diremo nel discorrere de' polmoni. Queste due minuzie non
osservate sinora, ch' io sappia, da alcuno, benchè la seconda
dell' aria fosse ne' tempi antichi toccata da Teofrasto, ma ne'
nostri rigettata da' Signori Accademici, sono quell' esse, che
gli fanno in un subito mutar colore, e figura, conforme, che
increspa, e allarga la pelle, e in conseguenza riceve o spruzza
fuora l' aria, e in tal caso dà moto maggiore o minore ai li-
quidi, che l'irrorano. E se qualche volta cangia i medesimi,
e non pare a noi, che cangi gonfiezza, e figura, o se alle
volte cangia gonfiezza, e figura, non sempre cangiando i colori ciò dipende tal moto delle fibre interne, o funicelle nervose, dalle quali è tutta quanta corredata la pelle, ed alla
quale visibilmente un numero innumerabile vi giunge, che si
stringono, e si rallentano con più, o minor energia, dal che
dipende il movimento improvviso dell' aria, e de' fluidi, e da
questo la mutazion de colori, il qual interno celere, o tardo
increspamento non può essere sì di leggieri da noi osservato.
Abbiamo l'analogia ne' nostri volti come accennava, e con me
gli eruditi Francesi, quando all' improvviso, o a poco a poco
siamo sorpresi da qualche passione. Nel primo caso, ecco
una repentina, e molto bene visibile mutazion di colore, po-
sciachè dal movimento, subito e velocissimo degli spiriti in-
crespandosi allora, o allargandosi le fila nervose, conforme la
qualità della passione, anche in un subito si strangolano, o
si dilatano i canali dei fluidi, dal che stagnano o scorrono
questi più dell' ordinario, non potendo ubbidire così di repente
con un moto placido, e regolato, all' urto, che loro vien fatto.
Ma se non siamo colti all' improvviso, se non poniamo in tu-
multo i nostri spiriti, se riceviamo la passione, per così dire,
a sorsi, i nervi non fanno quel tal moto repentino, e l' onda
del sangue, e degli altri fluidi ha tempo d' essere placidamente
assorbita da' suoi canali, onde non segue così subito tanta
mutazion de' colori. Così sospetto, che possa succedere nella
nostra bestioluzza. Muta colore (conforme adesso siamo tutti
d' accordo), quando diverse affezioni l' agitano; dunque ciò dipende dagli spiriti, e da fluidi, che in varie maniere inondano
la trasparente sua cute, nella quale si frange, e si ribatte in
diverso modo la luce, mentre quelli ora sono cacciati con em-
pito alla medesima, ora si ritirano con lentezza, o insieme si

mescolano, o s'avvallano, ora fanno qualche remora fra le grinze, ora appena la bagnano, e la lambiscono, e finalmente più, o meno rarefatti dal caldo, e dal freddo, più, o meno ancora l' inondano.

Diese seine Ansicht führt *Vallisnieri* noch durch vier Quartseiten mit grosser Beredsamkeit aus; es würde uns aber zu weit führen, wenn wir ihm hierin folgen wollten. Das Angeführte mag genügen, um dem Leser eine Vorstellung von der Theorie des berühmten Mannes zu geben, die sich zu ihrer Zeit durch das Ansehen ihres Urhebers eine gewisse Geltung verschaffte, wenn es sich gleich in der Folge zeigen wird, dass sie weit von der Wahrheit entfernt war, und theilweise auf Täuschungen beruhte, die wir vom jetzigen Standpunkte der Anatomie aus grobe nennen würden, die aber in Rücksicht auf den damaligen Zustand unserer Wissenschaft milder beurtheilt werden müssen.

In der Mitte des achtzehnten Jahrhunderts hatte *Friedrich Hasselquist* Gelegenheit, das Chamäleon in der Umgegend von Smyrna häufig im Zustande der Freiheit zu sehen, aber seine Beobachtungen sind so dürftig, dass es sich nach dem bisherigen nicht mehr verlohnt, sie anzuführen. Als Curiosum ist nur der Schluss zu bemerken, zu welchem ihn dieselben führten. Er kam nämlich zu dem Resultate, das Chamäleon sei im Grunde schwarz, da es aber der Gelbsucht sehr unterworfen sei, so werde es häufig gelb oder grün, namentlich wenn es in Zorn gerathe. (*Voyages dans le levant dans les années 1749, 50, 51 et 52 par Frédéric Hasselquist publiés par ordre du Roi de Suéde par Charles Linnaeus*, Paris 1769, Tom. II, p. 43.)

[186] Da diese Ansicht wenige Anhänger fand[1]) und keine neuen Original-Untersuchungen erschienen, so blieben im ganzen achtzehnten und selbst in den ersten Decennien des neunzehnten Jahrhunderts die Ansichten der Naturforscher ziemlich allgemein auf dem Standpunkte, auf den sie *Vallisnieri* geführt hatte. Selbst als das *Dictionnaire classique d'histoire naturelle* erschien, fügte *Bory* de St. Vincent, der

---

1) Sie wird gewöhnlich auch *Linné* zugeschrieben, aber schon *van der Hoeven* bemerkt im Text zu seinen *Icones ad illustrandas coloris mutationes in chamaeleonte*, Lugduni Batavorum 1831, 4⁰, es scheine ihm, dass sie nur von *Gmelin* adoptirt sei, und in der That findet sie sich nur in den von diesem besorgten Ausgaben des *Linné*.

den Artikel Chamäleon in demselben verfasste, unserer Kenntniss von dem Farbenwechsel dieses Thieres nichts Neues hinzu,
obgleich er während der Belagerung von Cadix durch die
Franzosen (1810—1812) häufige Gelegenheit hatte, diese Thiere
zu sehen. Er leitet den Farbenwechsel von dem Blute her,
welches durch die Ausdehnung der Lungen in die Haut ge-
trieben wird, und führt in Uebereinstimmung mit seinen Vor-
gängern Furcht und Zorn, Licht und Dunkelheit als veranlassende Ursachen an.

Eine sehr grosse Menge von lebenden Chamäleonen hat
ferner auf ihren Reisen in Palästina und Ägypten Mrs. *Belzoni* unter Händen gehabt; während ihres Aufenthalts in Ro-
sette (1819) besass sie nach ihrer eigenen Angabe deren mehr
als 50 Stück; aber der Scharfblick, mit dem sie dieselben
beobachtete, blieb weit hinter der Kühnheit zurück, mit der
diese merkwürdige Frau in den vorgeblichen Tempel Salo-
monis eindrang. Ihre ganze Beschreibung verräth in hohem
Grade die Dilettantin, welche die Thierchen mehr als einen
Gegenstand der Neugierde und des Amüsements, denn als ein
Object wissenschaftlicher Forschung betrachtete. Ich über-
gehe hier die von ihr gemachten Angaben (*Voyages en Egypte
et en Nubie par G. Belzoni, traduit de l'Anglais*, Paris
1821, Tom. II, p. 297), da sie wenig Belehrendes enthalten
und überdies in *Oken's* Zoologie (Stuttgart 1836, VI [III],
p. 650) ausgezogen sind; nur auf einzelne Punkte werde ich
später noch zurückkommen. [1])

---

[1]) So wenig ich auch den Beobachtungen der Mrs. *Belzoni*
über den Farbenwechsel entnehmen kann, so muss ich andererseits
bemerken, dass sie den Act des Trinkens, den man im Ganzen
selten beobachtet, richtig beschrieben hat, indem sie sagt: »Ils
peuvent se passer trois à quatre jours (und viel länger *Br.*) de
boire; mais aussi quand ils commencent, ils y emploient environ
une demi-heure. Je tenais quelquefois l'animal sur ma main pendant qu'il buvait dans un verre; il se tenait debout en buvant, et
élevait la tête comme un oiseau.« In seiner Freiheit scheint es
namentlich die Thautropfen aufzulesen; denn ich hatte meine Thiere
lange beobachtet, ohne sie trinken zu sehen, als ich eines derselben
behufs eines Versuchs in ein Glasgefäss einsperrte, das ich unter
Wasser tauchte. Ein Wassertropfen drang in dasselbe ein und rann
an der inneren Wand herunter. Sogleich stiess das Thier mit der
Zunge danach wie nach einem Insect. Später sah ich einmal ein
anderes mit der Zunge fortwährend nach einer spiegelnden Stelle
eines kleinen Porzellangefässes stossen. Ich vermuthete, dass das

Diese Lage der Dinge macht es einigermaassen erklär-
lich, dass *George Cuvier*, der sonst vermöge seiner vielseitigen
Bildung, seiner reichen Erfahrung und der stets ungetrübten
Klarheit seines mächtigen Geistes auch da das Richtige zu
treffen pflegte, wo er keine eigenen Untersuchungen angestellt
hatte, in Rücksicht auf unsern Gegenstand einer Ansicht hul-
digte, welche so wenig in der Natur begründet ist. »La
grandeur de leurs poumons«, heisst es im règne animal, »est
probablement ce qui leur donne la propriété de changer de
couleur, non pas, comme on l'a cru, selon les corps sur lesquels ils se trouvent, mais selon leurs besoins et leurs passions.
Leur poumon en effet les rend plus ou moins transparents,
centraint plus ou moins le sang à refluer vers la peau, colore même ce fluide plus ou moins vivement, selon qu'il se
remplit ou se vide d'air.«

Die Behauptung, dass das Chamäleon, wenn es sich auf-
bläst, durchsichtig oder doch durchscheinend werde, findet
sich auch bei einem neueren Schriftsteller, der auf Sicilien
lebende Chamäleonen beobachtete. [187] In der kleinen Schrift
von *Grohmann, nuova descrizione del Camaleonte Siculo*,
welche 1832 in Palermo in Quart erschienen ist, heisst es
gleich zu Anfang:

»Questo Camaleonte ha il suo principale colore per tutto
il suo corpo, testa piedi e coda d'un grigio biancheggiante
nel verde violaceo, e origno, con molte strisce interrotte di
un colore giallo di limone in fondo ombreggiato d'un orangineo

---

Chamäleon das Spiegellicht für einen Wassertropfen halte, und
liess desshalb aus einem Glase Wasser einige Tropfen in seiner
Nähe fallen, die es begierig auflas. So lockte ich es in die Nähe
des Wassergefässes und liess am Ende die Tropfen in dasselbe
hineinfallen, worauf es aus demselben trank. Es steckte dabei die
Zunge in das Wasser, zog sie dann zurück und hob langsam den
Kopf, wie Mrs. *Belzoni* richtig bemerkt, nach Art der meisten Vögel.
Aehnliche Beobachtungen scheint *Rusconi* gemacht zu haben, denn
er sagt, er wolle in seinem Werke über das Chamäleon, das leider,
so viel ich weiss, nicht erschienen ist, unter Anderem das Thier
abbilden, wie es Thau in den Mund nimmt. (Beobachtungen am
afrikanischen Chamäleon. *J. Müller's* Archiv für Anatomie und
Physiologie, 1844, p. 508.) — *Barthelemy (Atti della terza riunione
degli scienciati Italiani*, Firenze 1841, 4⁰, p. 378) sah beim Regen
ein Chamäleon Wasser verschlucken, welches ihm vom Kopfe auf
die Schnauze herabrann und glaubte irrthümlicher Weise, unser
Thier trinke nur auf diese und keine andere Art und müsse desshalb immer den Regen abwarten.

piu carico, ed in direzione transversale al dorso, ventre, coda,
piedi e testa altre macchie oranginee all' intorno della testa,
e particolarmente ai gran ciglioni, al casco ed alle tempia
(non ho trovato organi uditori ossia orecchie visibili) anche
alla fronte, ed un poco riboccate labbra e mascelle, altrettante
macchie in guisa di strisce sono al corpo, e sotto ventre, da
vedersi però, più grigie violacee, d'un bel cangiante verde
roseo quando l'animale si gonfia: ed allora il sangue circo-
lante in tutte le parti del corpo produce secondo le mie ripe-
tute osservazioni, e chiaro da vedersi, siccome quasi tutto il
corpo è trasparente, tenendosi l'animale verso al sole ed irri-
tando un pochetto con stringerlo verso la camera pettorale,
si vede quasi per tutto il corpo, mentre, ove trapassa detto
sangue nelle vene, si vedono velocemente comparire i bei
differenti colori, e per giuste ragioni, essendo il suo sangue
d'un bel cremesino violaceo, e l'interne vive vene sono d'un
violetto argentineo, come già qui sopra detto avendo i colori
esteriori in sè belli, ed in dietro depositandosi: il detto sangue produce questi graziosi miscugli, spesso come quei del
l'arco baleno, e siccome tutto il corpo ha molti piccoli tuber-
coli, in vari grandezze, e formate di 5, 6 a 8 angoli rasso-
miglianti ad un lavoro di mosaico di tanti naccheri o marga-
retine fine di diversi colori particolarmente alla testa dorso
coda e piedi meno espressi al corpo e sotto ventre, fuorchè
la fila di perle bianche che dalla mascella inferiore giusto in
mezzo divide la gonfia gola, petto e sotto ventre, perdendosi
all' ano.

Così contento d'averlo in mio potere, mi misi ad esami-
narlo, e per la gran trasparentezza m' accorsi ch'era fem-
mina, e che nel ventre aveva gran quantità d'ova;

Arrivato che fui in casa, aprii la scatola, e diedi libertà
all' animale, per il freddo che vi era appunto in quella gior-
nata, come già dissi era tutta sgonfiata, e divenuta di colori
più chiari, d'un grigio bianco giallo verde violaceo, ed era
tanto raccolto in sè stesso che poteva quasi contare le coste
trasparenti.«

Wahr ist an der Sache, dass, wenn man ein Chamäleon
zwischen sich und eine Lampe oder eine Lichtflamme hält,
derjenige Theil des Rumpfes, der nur von den Lungen, die
bis zum Becken hinabgehen, eingenommen wird, in ähnlicher
Weise durchscheinend ist, wie die Finger einer vor das Licht
gehaltenen Hand; unrichtig aber ist es, wie wir in der Folge

sehen werden, dass dies irgend etwas mit dem Farbenwechsel zu thun habe.

Eine Arbeit von *Leveillé* und *Thiébaut* de Bernaud, welche in das J. 1824 fällt, ist nach dem Auszuge zu urtheilen, welchen *Froriep's* Notizen davon geben, auch nur höchst unbedeutend; da ich jedoch das Original, indem es nicht citirt ist, nicht zu finden weiss, so will ich diesen seinem Wortlaute nach mittheilen: »Diese Veränderungen«, heisst es, »sind plötzlich, gleichförmig, sehr auffallend, und erstrecken sich über alle Theile des Körpers, selbst die Augen und den Schwanz nicht ausgenommen. Es geht kein langes Einathmen vorher, wenigstens haben die erwähnten Herren keines beobachten können. Die Ordnung, in welcher die Farbenveränderung erfolgt, ist folgende: citronengelb, apfelgrün (wobei der Untertheil des Bauches rosenroth wird und weisse Flecken bekommt), blaugrün, dunkelgrünbraun mit gelben, rosenrothen, schwarzen und dunkelbraunen Flecken. In der letzten Färbung, welche nebst schwarz, eisengrau und gelb, die ursprüngliche oder wenigstens die gewöhnliche Farbe des Thieres zu sein scheint, zeigt sich das Thier am leichtesten, flinkesten, muntersten. Sein Körper, der bei der andern Färbung aufgeblasen war, war dann ganz schlank. Weiss wird das Chamäleon, wenn es krank oder todt ist.« (*Froriep's* Notizen aus dem Gebiete der Natur und Heilkunde, 1825, Nov. Band XII, p. 74.)

Der Jahrgang 1826 (Nov. Band XVI, p. 26) desselben Blattes enthält auch einen kurzen Auszug aus einer Arbeit des Herrn *John Murray* über unsern Gegenstand, welche ich aus demselben Grunde nicht aufzufinden vermag. Dieser lautet:

1. [188] »Die vom Licht entfernteste Seite zeigt immer die hellste Farbe.

2. Die Temperatur der dunkelgefärbten Theile war stets höher, als die der hellfarbigen. So war am 20. Juli 1824 die Temperatur der Atmosphäre zu Hull 72 Grad, die Chamäleonhaut an der hellen Seite 73 Grad, an der dunkeln Seite 73°25, an den gelben Stellen 73°5 bis 74°5.

3. Nach einem sehr leichten Druck, z. B. mit der Kugel des Thermometers, wird der Theil schneeweiss.

4. Im Sonnenschein werden die Streifen *bands* deutlicher und der Unterschied der Temperatur an den hellen und dunklen Stellen nimmt zu.

Es scheint aus diesen und anderen Umständen zu folgen, dass die Farbenveränderung nur von den Modificationen der Circulation abhänge, von der grösseren oder geringeren Menge Blut, was nach den Theilen gelangt, und von der durch letzteres bewirkten verschiedenen Refraction.«

Ganz ähnliche Angaben von demselben Verfasser finden sich noch in den *Proceedings of the British association at Edinburgh*, September 1834. (*Edinburgh new philosophical journal*, Vol. XVII. p. 402.)

Im Jahre 1827 veröffentlichte *W. Vrolik Natuur en ontleedkundige opmerkingen over den Chameleon* (Amsterdam 8⁰) die ich bis jetzt nur aus dem in *Ferussac's bulletin des sciences naturelles* (Tome XIV, p. 263) enthaltenen Referate kenne. Hier heisst es:

»*M. Vrolik* n'a point fait d'expériences avec le thermomêtre, mais il a déterminé avec plus de précision l'influence de la lumière. La lumière artificielle d'une bougie ne change que très peu ou point la couleur du Caméléon, mais un semblable changement est produit, indépendamment de la lumière, par l'effet de la déglutition des alimens. Le corps se gonfle pendant les efforts que l'animal fait pour avaler, mais ce gonflement ne paraît pas être en rapport direct avec le changement de la couleur; le Caméléon sur lequel *M. Vrolik* a fait ses expériences, restait dans un parfait repos, et n'était agité par aucune passion ni par aucun besoin lorsqu'il changeait de couleur par l'effet de l'impression directe de la lumière. Ces changemens peuvent donc ne pas dépendre des passions ou des besoins que l'animal éprouve, et la grandeur de ses poumons ne semble être pour rien dans la production du phénomène. Il paraît plutôt prouvé que celui-ci dépend de l'influence particulière de la lumière sur le cours et les propriétés vitales du sang. La lumière est aussi la principale cause des couleurs différentes que d'autres animaux montrent, sous les diverses latitudes du globe et dans les différentes saisons de l'année, mais chez eux la cause agit plus lentement et produit des effets plus durables, tandis que chez le Caméléon, son action, comme ses effets, sont plus instantanés. *M. Vrolik* a trouvé qu'en effet, les parties de la peau du Caméléon, qui montrent, pendant la vie, des bandes plus foncées en couleur, sont fournies d'une grande quantité de vaisseaux sanguins à leur surface interne: sous le microscope, les granulations saillantes qui donnent à la peau une teinte verdâtre, paraissaient bigarrées comme des oeufs de vanneau; ce qui ne se retrouvait pas dans les portions plus pâles. Les changemens de couleur du Caméléon rentrent donc dans la loi commune et cessent d'être une anomalie.«

Während man also seit mehr als hundert Jahren fast allgemein den Farbenwechsel von der Thätigkeit der Lungen abzuleiten gesucht hatte, war er hier plötzlich ganz als Folge der Einwirkung des Lichtes dargestellt.[1]) Aber auch durch diese Wendung war man nicht auf den rechten Weg geführt, sondern man hatte sich nur in einer anderen Richtung von ihm entfernt, und es sollten noch einige Jahre verstreichen, bis die Bahn eröffnet wurde, welche zur vollständigen Lösung unserer Frage führt.

Im Jahre 1829 wurden einige Beobachtungen bekannt, welche *Robert Spittal* am afrikanischen Chamäleon angestellt hatte (*Edinb. new philosophical Journal*, Nr. XII, April 1829, *Bibliothéque universelle des* [189] *sciences. belles-lettres et arts*, *redigée à Genève XIV^{me} anné*, T. XLI, p. 225). Durch diese wurde unter anderem nachgewiesen, dass schon das blosse Licht einer Kerze genügt, um die Farbe der Thiere zu verändern. Wenn *Spittal* Nachts den schlafenden und erblassten Thieren eine Kerzenflamme näherte, so entwickelten sich, ohne dass sie erwachten, auf der Haut braune Flecken, welche um so dunkler wurden, je näher man das Licht heranbrachte, und wieder verblichen, wenn man dasselbe entfernte. Denselben Wechsel konnte *Spittal* noch plötzlicher dadurch hervorrufen, dass er die Thiere mit Wasser bespritzte. Ebenso bemerkte er, dass das Thier gereizt und in Angst gesetzt seine Farben in ganz eigenthümlicher Weise verändert, indem es dann mit stecknadelkopfgrossen Flecken ganz übersäet wird, wie dieses zuerst *Goddard* beobachtet hatte: »Dans ce moment« heisst es in der französischen Uebersetzung, welche mir allein zur Hand ist, »sa couleur passa de la teinte verdâtre à un gris jaunâtre et parsemé d'un grand nombre de pointes rouges de la grandeur d'une téte d'epingle.«

---

1) In *van der Hoeven icones ad illustrandas coloris mutationes in Chamaeleonte*. Lugduni Batavorum 1831, 4°, Seite 8 heisst es von *Vrolik:* »Arbitratur pigmentum nigrum quo tingitur in chamaeleonte superficies externa ventriculi et intestinorum, absorptione venarum deferri ad cutem eamque absorptionem lucis stimulo promoveri.«

Es entging ihm ferner nicht, dass, wenn die Thiere gesund sind, am Tage fortwährend ein leichter Wechsel der Farbe stattfindet, so dass man die Veränderungen meist schon von zehn zu zehn oder von funfzehn zu funfzehn Minuten deutlich wahrnehmen kann, und dass dieser Wechsel Nachts viel schwächer ist und viel langsamer von statten geht. Dies ist vollkommen richtig und war auch schon vor Mrs. *Belzoni* beobachtet, welche sagt: »dans la maison même on peut observer que sa couleur change toutes les dix minutes (l. c. 298).« Aber trotz dieser guten Beobachtungen kam er doch zu keinem andern Resultate, als dass der Farbenwechsel von der Thätigkeit der Lungen abhänge, nicht allein insofern dadurch die Farbe des Blutes verändert werde, sondern auch in sofern die Anfüllung der Lungen auf die Spannung der Hautdecken einwirke (»non pas entièrement par suite d'une modification dans la couleur du sang résultant de la respiration et vue au travers de la peau, mais en même temps par suite de l'effet qu'exercent les poumons sur les tégumens. en les tendant plus ou moins et en leur faisant ainsi réfléchir diversement les rayons lumineux«). Zu derselben Zeit war der Glaube. dass das Thier die Farbe seiner Umgebungen annehme noch nicht zerstört, wie wir aus einer Note sehen, welche die Redaction des Edinburger Journals der Abhandlung beigiebt. Hier will ein Herr *Neill* von Canonsmill gesehen haben, wie ein Chamäleon grün wurde durch das Licht, welches durch grüne Blätter fiel. Noch im Jahre 1811 sagte *Barthelemy* l. c.) dass sie gemeinhin die Farben der Dinge annehmen, auf denen sie sich befinden (»assumeva egli, al solito, i colori dei corpi sui quali ritrovavasi«). Ja noch im Jahre 1848 ist *Paul Gervais* (*Comptes Rendus XXVII*, p. 234) vermöge einer groben Täuschung dahin gelangt, einen Einfluss der Umgebungen auf die Farbe des Chamäleons zuzugeben, indem er fand, dass das Thier, welches in seinem Zimmer braun gewesen war, im Garten auf einem Orangenbaum grün wurde. So schwer ist es, verjährte Vorurtheile der Menschen auszurotten, weil sie in Zufälligkeiten immer neue Nahrung finden.

Im Jahre 1831 hatte *J. van der Hoeven* den glücklichen Gedanken, in einem meinem hochverehrten Lehrer Herrn *Joh. Müller* gewidmeten Werke (*Icones ad illustrandas coloris mutationes in chamaeleonte*, Lugduni Batavorum. apud I. C. Cyfveer 1831, 4°) den Farbenwechsel auf fünf Tafeln bildlich darzustellen. Hier finden wir vollständig ausgeführt, was schon die Pariser Akademiker andeuteten, dass die Chamäleonen eine bestimmte Zeichnung haben, welche nie ganz verschwindet, aber deren einzelne Elemente zu verschiedenen Zeiten in verschiedener Stärke und Deutlichkeit hervortreten, so dass das Ganze dadurch sehr wesentlich verändert wird. Diese einzelnen Elemente, welche ich später aufzählen werde, sind überall am richtigen Orte abgebildet und die verschiedenen Momente, in denen das Thier dargestellt ist, glücklich gewählt, so dass in der That diese Bilder eine richtigere Vorstellung vom Farbenwechsel geben als alle Beschreibungen. Sie befriedigen ein so wesentliches Bedürfniss, dass ich, wenn sie nicht bereits vorhanden gewesen wären, keinen Augenblick gezaudert haben würde, meiner Abhandlung ähnliche Tafeln beizugeben, während ich mich jetzt mit einer gleichfalls nach dem Leben gezeichneten schwarzen Abbildung begnügt habe, welche hinreichen wird um mich mit dem Leser über die einzelnen Theile der 190] Zeichnung zu verständigen. Eine Beschreibung der einzelnen Tafeln ist in *Oken's* »Isis« vom Jahr 1832, Heft V, p. 565 enthalten, ich will hier desshalb nur auf diejenigen Punkte eingehen, welche einen wesentlichen Fortschritt in unserem Gegenstande bedingen.

Zunächst erkannte *van der Hoeven* als scharfer Beobachter den engen Kreis von Farbenveränderungen, auf den jede einzelne Hautstelle, jede einzelne Gruppe von Hauttuberkeln beschränkt ist, und seine ersten vier Abbildungen sind so gewählt, dass sie die Grenzen desselben sehr wohl erkennen lassen, weniger gilt dies von der fünften, welche mir entweder nach einem anderen Thiere oder bei Sonnenbeleuchtung gemalt zu sein scheint, welche letztere, wie wir später sehen werden, eigenthümliche gleichsam ausser der Reihe liegende Schillerfarben zur Anschauung bringt. So dunkel, fast am ganzen Leibe schwarz, wie ich einzelne meiner Thiere oft gesehen habe, scheinen sie *van der Hoeven* nie vorgekommen zu sein, wenigstens ist seine dunkelste Figur, Tafel V, noch in viel lichteren Tinten gehalten.

Der Verfasser bemerkt ferner im Texte sehr richtig, dass ein weisser Streif, der vom Kinn bis zum After geht, seine Farbe nie verändert und ebenso wenig die *vola manus* und *planta pedis* und dass auch die Innenseite der Arme und Schenkel verhältnissmässig schwachen Veränderungen unterworfen ist, kurz man kann sagen, dass er die äusseren

Erscheinungen des Farbenwechsels vollständig beobachtet habe,
mit einziger Ausnahme der Umkehr der Zeichnung, d. i. der
Verwandlung der dunkleren Partien in die helleren und der
helleren in die dunkleren, die er nur an den Kopfstreifen
gekannt zu haben scheint, von denen es heisst: »semper con-
spiciuntur, sed diverso admodum colore; flavae nempe, aut
virides aut bruneae, aut fere nigrae. Hinc etiam interdum
capitis color universus obscurior erat striis illis,
quae pro diversa coloris mutatione clariores ob-
servabantur aut distinguebantur difficilius.«

Auch in Rücksicht seiner Ansicht von der Mechanik
des Farbenwechsels stellte sich *van der Hoeven* auf einen
richtigeren Standpunkt als seine Vorgänger, indem er sich von
den Hypothesen derselben entfernt hielt, und dafür die Haut
genau untersuchte und in ihr das später zu beschreibende
dunkle Pigment fand, von dessen Veränderungen er den Farbenwechsel abhängig macht. Er scheint sich unter diesen Veränderungen Farbenveränderungen gedacht zu haben, legt aber
darauf keinen grossen Werth, indem er schlüsslich sagt: »Hoc
uno contentus ero, si concedatur mihi sedem coloris in pig-
mento cutaneo esse, cujus mutatio qualiscunque diversi coloris
causa sit.«

Somit können wir sagen, dass diese gediegene Arbeit den
Uebergang zu einer neuen Periode unserer Geschichte bildet,
deren durch die mächtige Einwirkung der verbesserten Ver-
grösserungsmittel umgewandelter Charakter drei Jahre später
noch schärfer in den Untersuchungen hervortritt, die *Milne-
Edwards* an zwei in *Savart's* Besitz befindlichen Chamäleonen
anstellte, und deren Resultate ich wegen ihrer Wichtigkeit
für den gegenwärtigen Standpunkt mit den Worten des Ver-
fassers wiedergeben muss. In den *Annales des sciences
naturelles*, Serie II, T. I, p. 48, heisst es von diesen
Thieren:

»L'un de ces reptiles, que nous désignerons par le numero
I, était habituellement d'un gris violacé; pendant la nuit,
lorsqu'il était profondément endormi il devenait d'un gris
blanchâtre; de temps en temps il présentait le long des flancs
de taches d'un jaune sale, et quelquefois il se formait sur
différentes parties de son corps d'autres taches rouges ou même
d'un violet très foncé. Enfin, quelques jours avant sa mort,
il avait pris une teinte jaunâtre et s'etait recouvert de petits
points noirs miliaires, qui peu à peu se sont étendus de façon

à former des taches continues et à couvrir presque tout le corps.«

»Le Caméléon n° II était ordinairement d'un vert bouteille très foncé, tirant sur le noir; profondément endormi il devenait comme le précédent, d'un blanc jaunâtre sale, et pendant le jour on lui voyait souvent, le long des flancs, des taches vert pomme, tandisque le reste du corps était d'un vert bouteille; lorsqu'il était placé à la fenêtre et avait l'espoir de se sauver, cette teinte de vert pomme s'étendait partout. Enfin, lorsqu'il est tombé malade, il s'est manifesté sur son corps quelques taches jaunâtres, mais il a conservé jusqu'à sa mort la couleur générale d'un vert glauque qui lui était habituelle.«

[191] »Ce Caméléon changeait de couleur plus facilement que le précédent; mais chez l'un et l'autre ces variations ne se faisaient que lentement: du reste elles étaient complètement indépendantes de la distension plus ou moins considérable du corps de l'animal. Souvent on voyait ces Caméléons s'enfler extrèmement sans présenter aucun changement de couleur, et d'autres fois on voyait ces modifications survenir sans être précédées d'aucun changement de volume. L'observation directe venait donc détruire toutes les hypothèses à l'aide desquelles les naturalistes avaient cherché à expliquer les changemens de couleur des Caméléons par les effets de la distension plus ou moins considérable de leurs poumons; mais elle ne jetait encore aucune lumière sur la cause réelle de ce phénomène: pour m'éclairer à ce sujet, j'eus recours à l'anatomie.«

»Immédiatement après la mort du Caméléon n° I, je détachai un lambeau de la peau sur laquelle on voyait à la fois la couleur rouge noirâtre déjà signalée et une large tache grise jaunâtre, et je l'examinai à l'aide d'une forte loupe.«

»La surface de la peau est, comme on le sait, hérissée d'une foule de petits tubercules arrondis entre lesquels on aperçoit des granulations beaucoup plus fines. Quelques naturalistes avaient pensé que les changemens de couleur des Caméléons dépendaient de ce que ces tubercules étaient jaunâtres et le fond de la peau d'une autre couleur, et que, lorsque la peau était contractée sur elle-même, on voyait les premiers, tandis que lors de la distension de cette membrane ces points se perdaient, pour ainsi dire, sur le fond qui se découvrait à la vue; mais il n'en est point ainsi, car, dans les parties de la surface du corps les plus foncées, comme dans celles qui étaient les plus claires, c'était précisément au-dessous de ces tubercules que la teinte locale était la plus prononcée.«

»Dans les parties de la peau colorées en rouge noirâtre, il était facile de s'assurer, à l'aide de la loupe, que la couleur gris jaunâtre, propre aux parties voisines, n'avait pas entièrement disparu, mais était en quelque sorte masquée par une infinité de points d'un rouge violacé plus ou moins foncé: chaque tubercule en était criblé, et, observés à l'oeil nu, ces points paraissaient en occuper toute la surface; entre les tubercules on apercevait aussi des points de même couleur, seulement en moindre nombre. Enfin à la face inférieure de la peau cette teinte foncée paraissait encore plus intense.«

»Là, où la peau ne présentait pas cette couleur violacée, on n'apercevait à sa surface externe qu'une teinte gris jaunâtre plus intense au-dessus des tubercules cutanés que dans les intervalles qui les séparaient; et, dans quelques points, le long des flancs et en dessous du corps, elle était plus blanche que partout ailleurs, tandis que vers l'épine du dos elle tirait davantage sur le jaune. En tendant la peau de façon à écarter les tubercules dont elle est garnie, on ne changeait pas notablement sa couleur; mais en l'examinant par sa surface intérieure, on y retrouvait la même couleur rouge violacée tirant sur le noir, qui ailleurs se voyait au-dehors aussi bien qu'en dedans.«

»Il me parut donc évident qu'il existait partout dans la peau de cet animal deux pigmens bien distincts: savoir, une matière d'un gris plus ou moins jaunâtre ou blanchâtre suivant les endroits ou on l'observait et un pigment d'un rouge violacé et noirâtre, et que les différences de couleur que je rencontrais dans cette membrane dépendaient de ce que tantôt cette dernière se voyait à la surface à travers l'épiderme, et mêlée en quelque sorte à la première, tandis que d'autres fois elle était cachée au-dessous de la couche grisâtre.«

»Ce fait constaté, il devenait probable que la formation des taches d'un rouge violacé plus ou moins foncé que l'on avait vues apparaître d'une manière transitoire pendant la vie de l'animal, et s'effacer ensuite, dépendait d'un déplacement dans le pigment de la couche profonde; le mélange de la teinte qui lui est propre avec celle du pigment de la couche superficielle pouvait en effet expliquer tous les phénomènes observés pendant la vie, et ce qui me confirma dans cette opinion fut le changement qui s'opéra dans le cadavre peu de temps après la mort; la teinte rouge noirâtre, comme nous l'avons déjà dit, s'étendait alors sur presque toute la surface de son corps; mais ayant posé l'animal sur un marbre un peu froid, je vis ces taches se rétrécir considérablement et dans certains endroits disparaître complètement. Dans les [192] points où la couleur s'était ainsi modifiée le pigment noirâtre cessa de se montrer au-dessous de l'épiderme, et ne se retrouva plus qu'au-dessous du pigment grisâtre par lequel il était complètement recouvert.«

»En appliquant sur la peau de l'animal, dont la vie venait à peine de s'éteindre, de l'alcool concentré, je fis aussi disparaître presqu'entièrement la couleur violacée noirâtre des points expérimentés, et je les ramenai à la teinte qui, pendant la vie du Caméléon, se voyait partout lors d'un sommeil profond. La plupart des acides énergiques produisirent le même effet; mais en touchant avec une dissolution alcaline une partie de la peau qui offrait naturellement la teinte grise jaunâtre propre au pigment superficiel, je déterminais le changement inverse: la couleur passa de suite au rouge noirâtre.«

»Enfin, il me fut même possible de faire passer de lambeaux de la peau, détachés de l'animal, de la couleur gris jaunâtre qu'ils offraient à un rouge violacé plus ou moins intense et presque noirâtre, en employant seulement des moyens mécaniques propres à refouler le pigment profond vers la superficie du derme; et, en examinant au microscope les points ainsi modifiés, je leur trouvai le même aspect qu'à ceux teints d'une manière semblable par les procédés physiologiques dont je cherchais à dévoiler la nature.«

»Les résultats étant les mêmes, on pouvait présumer que les causes devaient être analogues, et on pouvait alors conclure que pendant la vie, le pigment profond, en se cachant dans la substance du derme ou en se montrant en plus ou moins grande abondance au milieu de la couche de pigment superficiel, occasionait les phénomènes de coloration et de décoloration dont nous avons décrit plus haut toutes les phases. Mais comment ce pigment profond pourrait-il se mêler au pigment superficiel et s'en retirer alternativement? Pour résoudre cette question, j'eus encore recours à l'observation de la structure de la peau.«

»Ayant fait digérer pendant quelque temps un lambeau de cette membrane dans une dissolution alcaline assez concentrée, afin de dissoudre ou de rendre transparentes les parties qui masquaient la disposition du pigment, j'en fis la dissection sous la loupe, et je vis distinctement que la matière colorante noirâtre se trouvait renfermée dans une foule de petites cavités logées dans la substance du derme et donnant naissance chacune à des ramifications d'une grande finesse qui s'élevaient jusqu'auprès de l'epiderme en traversant la couche superficielle du pigment grisâtre, qui paraissait comme épanchée à la surface du derme, et représentait assez bien la tunique appelée par les anatomistes réseau muqueux.«

»D'après cette disposition, il devenait facile de comprendre comment le pigment profond pouvait alternativement se montrer au milieu du pigment superficiel et en dominer plus ou moins complètement la couleur, ou bien se cacher au-dessous de lui; pour produire le premier de ces phénomènes, il suffirait que le fond des utricules se contractât ou fût comprimé par le resserrement de la partie profonde du derme, de façon à faire refluer dans les ramifications, dont leur surface est hérissée, la matière contenue dans leur intérieur, et à la rendre visible au-dehors. Pour ramener ensuite la peau, ainsi colorée, à sa teinte gris jaunâtre, il suffirait aussi de la contraction ou de la compression de ces ramifications superficielles qui, en se vidant dans l'utricule placé au-dessous, perdraient leur couleur et disparaîtraient plus ou moins complètement.«

»Du reste ce phénomène ne serait pas unique dans la nature. Plusieurs mollusques céphalopodes présentent quelque chose d'analogue; la peau de ces animaux est ornée d'une infinité de taches diversement colorées qui paraissent et disparaissent alternativement, et, si l'on en place un lambeau sous le microscope, on voit que ces changemens dépendent de la contraction de petites vésicules remplies d'un liquide coloré, qui s'étendent de la surface de la peau assez profondément dans sa substance. Lorsque l'une de ces taches apparaît, le liquide, qui joue ici le rôle de pigment, est poussé vers la partie superficielle de la vésicule et s'y étale, tandis que, lors de sa disparition, il est refoulé en dedans par la contraction de cette même partie superficielle qui devient alors un point presqu'invisible.«

»La dissection de notre second Caméléon a confirmé les résultats obtenus par les recherches dont il vient d'être question; car nous y avons trouvé deux pigmens bien distincts; l'un

superficiel, jaunâtre ou blanc, suivant les parties du corps
examinées; l'autre profond et d'une teinte vert bouteille tirant
sur le [193] noir. Or, il est évident que le mélange de ces
deux couleurs, et la prédominence de l'une sur l'autre devaient
produire tous les changemens observés pendant la vie de
l'animal.«

»Du reste, ce pigment verdâtre m'a paru avoir la plus
grande analogie avec le pigment violacé qui se trouvait chez
le Caméléon précédemment étudié; il se comportait de la
même manière avec les réactifs chimiques, et, suivant que la
lumière le frappait de telle ou telle manière, il paraissait d'un
vert bouteille très intense ou offrait une teinte tirant sur le
violet.«

»On connait plusieurs substances colorantes qui, vues par
transparence ou par réflection, ou bien observées en masses
plus ou moins denses, changent également de teinte; le rouge-
vert du Carthame nous offre un exemple remarquable de ce
phénomène, et il nous paraît probable que la différence qui
existait entre la teinte du pigment profond chez nos deux
Caméléons dépendait de quelque leger changement dans son
état de cohésion; si cela était, le même individu pourrait
présenter, non seulement les changemens que nous avons observés, mais aussi passer du vert au violacé.«

»Quoi qu'il en soit nous voyons:

1. Que le changement de couleur des Caméléons ne dépend essentiellement ni du gonflement plus ou moins considérable de leur corps et des changemens qui peuvent en résulter
sur l'état de leur sang ou de leur circulation, ni de la distance
plus ou moins considérable que les tubercules cutanés laissent
entre eux; bien que ces circonstances exercent probablement
quelqu'influence sur ce phénomène.

2. Qu'il existe dans la peau de ces animaux deux couches
de pigment superposées, mais disposées de façon à pouvoir se
montrer sous l'épiderme simultanément, ou bien à se cacher
l'une au-dessous de l'autre.

3. Que tout ce qu'il y a d'anomal dans les changemens
de couleur éprouvés par les Caméléons, peut être expliqué
par l'apparition du pigment de la couche profonde en quantité
plus ou moins considérable au milieu du pigment de la couche
superficielle, ou sa disparition au-dessous de cette couche.

4. Que ces déplacemens du pigment profond peuvent
effectivement avoir lieu, et que c'est probablement à leur suite

que la couleur du Caméléon change pendant la vie, comme
elle peut encore changer après la mort.

  5. Qu'il existe une grande analogie entre le mécanisme
à l'aide duquel ces changemens de couleur paraissent avoir
lieu chez ces reptiles et celui qui détermine l'apparition et la
disparition successive des taches colorées dans le manteau de
divers mollusques céphalopodes.«

  Seit dieser wichtigen Arbeit sind, so viel ich weiss, ausser
dem unglücklichen völlig nichtssagenden und leeren Versuche
von *Paul Gervais*, dessen ich schon oben (p. 189) erwähnte,
nur einige Bemerkungen von *Mieg* über den Farbenwechsel
erschienen (Bericht über die Verhandlungen der naturforschen-
den Gesellschaft in Basel vom Aug. 1838 bis Juli 1840,
Basel 1840, 8⁰. S. 5), aber auch diese enthalten, da sie im
Grunde nur in einer Aufzählung der Farben bestehen, die an
den Thieren beobachtet wurden, und schlüsslich die Vermuthung geäussert wird, dass wohl Licht und Wärme die
gewöhnlichen Ursachen der Farbenveränderung sein mögen,
nichts Neues mehr für den Leser, und ich schliesse desshalb
hiermit die Aufzählung der Originalarbeiten, welche über
unseren Gegenstand erschienen sind, indem ich die Resultate
von *Milne-Edwards* zum Ausgangspunkte meiner eigenen
Untersuchungen mache. Ehe ich jedoch zu denselben über-
gehe, muss ich, um in der Folge dem Leser besser verständ-
lich zu werden, einige Worte über Farben und Zeichnung
meiner Chamäleonen voranschicken.

  Die Farben, welche ich an ihnen beobachtete waren
folgende:

  1. Alle Uebergänge vom Orange durch Gelb, Grün bis
zum Blaugrün.

  2. Die Uebergänge von jeder dieser Farben durch Braun
oder Graubraun in Schwarz.

  3. Weiss, blasse Fleischfarbe, Rostbraun, Lilagrau, Blaugrau, neutrales Grau.

  4. Mehrere Schillerfarben zwischen Stahlblau und Purpur.

  Die unter Nr. 4 genannten Farben wurden jedoch nur
bei Sonnenbeleuchtung, wenn das Thier zugleich sehr dunkel
war, gesehen.

  [194] Wenn schon in diesem Verzeichniss der Farben,
welche ich überhaupt an meinen Chamäleonen wahrgenommen
habe, manche Schattirungen gar nicht vertreten sind, so ist die
Zahl der Farben, welche nach einander an ein und derselben

Hautstelle vorkommen können, und somit der Spielraum des Farbenwechsels noch viel beschränkter.

Sehen wir zuvörderst von den unter Nr. 4 angeführten Farben ab, welche bei Sonnenbeleuchtung auf jeder sonst wie immer gefärbten Hautstelle auftreten können, wenn dieselbe so dunkel wird, dass sie bei schwächerer Beleuchtung schwärzlich erscheinen würde; dann ergeben sich für die übrigen folgende Regeln:

1. Wenn eine Stelle einmal gelb erscheint, so kann sie nur verschiedenartig grün, mehr oder weniger schmutzig braun, schmutzig grau und schwarz werden.

2. Wenn eine Stelle die blasse Fleischfarbe zeigt, so kann sie nur die verschiedenen Tinten zwischen Rostbraun und Graubraun annehmen und durch die dunkleren Schattirungen derselben in Schwarz übergehen.

3. Wenn eine Stelle weiss erscheint, so kann sie nur in neutrales Grau, Blaugrau, Violetgrau und endlich von diesen Tinten aus oder durch Braun in Schwarz übergehen.

Da unsere Sprache für die Bezeichnung der Farben so arm ist, und wir es bei den Chamäleonen mit so vielen unreinen Tinten zu thun haben, so konnte ich den Spielraum des Farbenwechsels nur mit groben Zügen umgrenzen. Besser als aus einer solchen Beschreibung werden die Marken desselben für Alle, die in der Chromatik bewandert sind, aus dem hervorleuchten, was ich über die Mechanik eben jenes Wechsels und über das Zustandekommen der einzelnen Farben zu sagen habe.

Was die Zeichnung der Thiere, wie ich sie an meinen Exemplaren beobachtete, anlangt, so stimmte sie im Ganzen mit dem überein, was *van der Hoeven*'s Tafeln zeigen, und ich will hier die einzelnen Elemente jener Zeichnung herzählen und mit besonderen Namen belegen.

1. Den Bauchstreif nenne ich einen unveränderlich weissen nur schmalen Streif, der sich vom Kinn bis zum After erstreckt.

2. Die Lateralflecken nenne ich zwei Reihen länglicher Flecken, welche sich zu beiden Seiten des Rumpfes in Form zweier unterbrochener Flankenstreifen hinziehen. Sie sind in Fig. 1 mit *a* bezeichnet.

3. Die Kopfstreifen nenne ich ein System von Streifen, welche auf beiden Seiten des Kopfes gegen die Augenliedspalte hin radienförmig convergiren.

4. Die Stippchen nenne ich die kleinen Flecken von zwei bis vier Millimeter Durchmesser, welche über den ganzen Körper zerstreut sind.

5. Die Binden nenne ich die gezackten Flecken (Fig. 1 c), welche zu beiden Seiten in ziemlich regelmässigen Abständen gegen den Rücken aufsteigen, und sich in analoger Weise auf dem Schwanze und den Extremitäten fortsetzen.

Diese Elemente trennen sich vom Grunde sowohl durch ihren Farbenton, als durch grössere Helligkeit und Dunkelheit ab, und die Veränderung der Zeichnung besteht wesentlich darin, dass einzelne derselben minder auffallend und deutlich werden, ja sie können sogar, wenn sie sich in Rücksicht auf den Farbenton nur wenig vom Grunde unterscheiden, fast ganz verschwinden, und es giebt Thiere, wie ich ein solches besitze, an denen man wochenlang keine Spur von einer Zeichnung sieht. Am beständigsten zeigen sich noch die Lateralflecken, namentlich die obere Reihe derselben, und demnächst die Kopfstreifen; weniger die Stippchen und die Binden, welche letztere, wenn sie hervortreten, sich aus einer Gruppe von Stippchen, welche sich allmählich mit einander verbinden, gleichsam hervorbilden.

Wenn die Thiere in voller Zeichnung stehen, so sind in der Regel, wie in Fig. 1, die Lateralflecken heller, die Kopfstreifen, Stippchen und Binden aber dunkler als der Grund. In einzelnen Fällen aber kehrt sich das Verhältniss um, so dass die Lateralflecken dunkler, die übrigen Theile der Zeichnung aber heller als der Grund sind, und sich somit diese zu der früheren verhält, wie ein positives Lichtbild zu [195] dem dazu gehörigen negativen. Dass man diesen überraschenden Wechsel an der vollen Zeichnung wahrnimmt, ist freilich ziemlich selten, sehr häufig aber sieht man, wenn sonst keine deutliche Zeichnung vorhanden ist, die Lateralflecken sich dunkel gegen den Grund absetzen, ja bei einigen Chamäleonen ist dies so häufig, dass es zur Regel, das Gegentheil zur Ausnahme wird. Ganz besonders oft habe ich diese Umkehr der Zeichnung am Morgen beobachtet, während sie sich später am Tage wieder verlor.

Nach diesen Vorbemerkungen kann ich zu den Untersuchungen selbst übergehen.

Um mir eine mehr ins Einzelne gehende Vorstellung von den Erscheinungen des Farbenwechsels zu verschaffen, fing ich damit an, die Haut des lebenden Thieres mit dem einfachen

Mikroskope zu untersuchen. Als letzteres diente mir das Linsen-spiel Nr. 2 eines grossen Instrumentes von *Nachet*, welches ich mit der rechten Hand führte, während ich das Thier, an dem ich zuvor die zu untersuchende Stelle mit Speichel be-feuchtet hatte, mit der linken so in das Sonnenlicht hielt, dass ich es einerseits zwischen dem Daumen und dem Zeige-finger, andererseits zwischen der Hohlhand und den übrigen Fingern eingeklemmt hatte. — Das Befeuchten mit Speichel ist durchaus nothwendig, weil man dadurch die zahllosen kleinen Reflexe von der Oberfläche tilgt, und sich den An-blick der darunterliegenden Objecte eröffnet. Man sieht dann auf jeden Hauttuberkel, ausser der mehr oder weniger oder gar nicht von schwarzen Punkten unterbrochenen Localfarbe, zahlreiche glitzernde Punkte von verschiedenen Farben. Der Glanz dieser Farben und ihre grosse auf einen engen Raum zusammengedrängte Mannigfaltigkeit machten es mir sogleich wahrscheinlich, dass ich es hier nicht allein mit Pigmenten, sondern auch mit Interferenzerscheinungen zu thun habe. Nachdem ich ein Chamäleon getödtet hatte, konnte ich mich davon hinreichend überzeugen. Als ich eine Gruppe von Haut-tuberkeln in dünnen Schnitten von oben nach unten abtrug und diese unbefeuchtet unter das zusammengesetzte Mikroskop brachte, sah ich, dass in der Tiefe der Epidermis eine Schicht platter polygonaler Zellen liegt, welche lebhafte Interferenz-farben zeigen. Später verschaffte ich mir dieselben Zellen noch bequemer und reinlicher dadurch, dass ich die Epidermis in kleinen Lappen loslöste; dann bleibt immer eine Anzahl derselben an der Rückseite haften. Besonders gut gelingt dies am Kopf, wo die Tuberkeln gross und flach sind und jedes derselben ein Epidermisschildchen bedeckt, welches man einzeln wegsprengen kann.

Die Zellen sind platt und meistens sechseckig, häufig fünf-, selten vier-, und noch seltener dreieckig. Ihre Figur ist dabei immer von ziemlich geraden Seiten begrenzt. Ihr grösster Durchmesser beträgt 18 bis 32 Millimillimeter[b]), ihr kleinster 13 bis 23.

In der Mitte gewahrt man häufig einen Kern, häufig aber auch nicht. Ihre Wände sind einander sehr genähert und sie enthalten sicher keine Spur von flüssigem Inhalt, denn sie be-halten ihre Farben, wenn sie trocken aufbewahrt werden; da-gegen verlieren sie dieselben, wenn man sie unter dem Mikroskope mit irgend einer Flüssigkeit zusammenbringt, welche sie benetzt.

Dies geschieht in gleicher Weise, man mag Alkohol,
Aether, Terpenthinöl oder Wasser anwenden; bei letzterem
bleiben bisweilen rundliche Stellen unbenetzt, die dann ihre
Farben behalten. Auf Grund dieser Beobachtungen kann man
auf dem Wege des Ausschliessens höchst wahrscheinlich machen,
dass die dünne durch zweimalige Reflexion die Farben er-
zeugende Schicht aus nichts anderem als Luft bestehe.

Da die Farben sehr intensiv sind, so muss der Unterschied zwischen der Brechkraft der Hornsubstanz und der der
dünnen Schicht ein sehr bedeutender sein. Da aber die Hornsubstanz selbst schon einen recht hohen Brechungsindex be-
sitzt, so muss die dünne Schicht entweder aus einem sehr
schwach brechenden oder aus einem ausserordentlich stark
brechenden Medium bestehen. Wenn das Medium ein sehr
stark brechendes ist, so kann es nur dadurch unwirksam gemacht werden, dass es entweder gelöst wird, oder dass ein
Medium eintritt, dessen Brechungsindex zwischen dem seinen
und dem der Hornsubstanz liegt. Letzteres findet im concreten
Falle nicht statt, da alle genannten Flüssigkeiten schwächer
brechen als die Hornsubstanz, ersteres ist höchst unwahrscheinlich, da es wohl keine thierische Substanz geben möchte,
die gleich gut von Wasser, Alkohol, Aether und Terpenthinöl
aufgelöst wird. Es bleibt also nur [196] noch übrig, dass
die Substanz der dünnen Schicht sehr schwach brechend sei,
und zwar muss sie viel schwächer brechend sein als Wasser,
da die Farben sofort verschwinden, wenn Wasser an ihre
Stelle tritt. So wird man darauf geführt, dass die dünne
Schicht nur gasförmig und in Rücksicht auf den Ort des Vor-
kommens nur aus den Bestandtheilen der atmosphärischen Luft
zusammengesetzt sein könne.

Diese Zellen, die der Beobachtung von *Milne-Edwards*
entgangen sind und auf die desshalb seine Theorie keine Rücksicht nimmt, will ich schlechtweg Interferenzzellen nennen.
Sie kommen an allen Tuberkeln, selbst an denen des weissen
Bauchstreifes vor, dagegen kann ich nicht mit Sicherheit sagen,
ob sie immer das ganze Tuberkel decken, denn ich habe sie
auf den Kuppen häufig vermisst, was indessen nicht beweist,
dass sie dort nicht vorhanden waren, weil es nicht immer
nothwendig gelingt, sie von den darunter liegenden undurchsichtigen Theilen zu trennen. Ich kann desshalb auch nicht
mit Sicherheit angeben, ob sie überall mehrfach übereinander
liegen, häufig aber ist es der Fall. Gewiss ist es, dass sie

der Epidermis selbst angehören, denn sie werden bei der Häutung theilweise mit abgestossen. Die nicht abgestossenen müssen in gemeine Oberhautzellen verwandelt werden, denn unmittelbar nach der Häutung findet man statt der schön gefärbten Interferenzschicht nur eine Lage von Zellen, die bei durchfallendem Lichte bräunlichgelb gefärbt sind. Die neue Interferenzschicht entsteht also später, und die Ausbildung der hohlen Zellen, aus denen sie besteht, hängt wahrscheinlich in eigenthümlicher Weise mit den mechanischen Verhältnissen des Wachsthums der Oberhaut zusammen.

In Figur 2 habe ich beispielsweise eine Gruppe solcher Interferenzzellen, wie sie an dem Epidermisschildchen eines Tuberkels beim Absprengen desselben kleben geblieben waren, treu nach der Natur abbilden lassen. Ihre Farben, die hier, wo sie bei durchfallendem Lichte dargestellt sind, natürlich die Complemente zu denen bilden, welche sich im auffallenden Lichte zeigen, gehören wie die aller übrigen Zellen, die mir in dieser Interferenzschicht zu Gesicht gekommen sind, sämmtlich dem zweiten Systeme der *Newton*'schen Farbenringe an, und werden einerseits durch das Gelb, andererseits durch das Blau desselben begrenzt,[1][e]) wie dies die Vergleichung des Präparats mit einem Gypskrystalle zeigte, der keilförmig zugeschnitten und zwischen zwei mit einem Mikroskop verbundene *Nicol*'sche Prismen gebracht war.

Es ist klar, dass die Interferenzerscheinungen sich mit den von den tiefer liegenden Pigmenten hervorgebrachten Farben combiniren können; von diesen unterscheiden kann man sie aber mit unbewaffneten Augen nicht, nur wenn ein Thier sehr dunkel, fast schwarz und dabei stark beleuchtet war, habe ich sie in Gestalt der oben bei Nr. 4 aufgeführten Schillerfarben selbstständig auftreten gesehen.

Ich will hier zugleich anführen, dass bei den Schlangen der oft so prächtige Schiller dieser Thiere, den man an dem schwarzen Bauche jeder Ringelnatter sehen kann, nicht von Interferenzzellen herrührt, sondern von einem System paralleler Furchen, welches sich an jeder Schuppe findet.

Es werden also diese Interferenzfarben nicht wie die der

---

1) Vergleiche *E. Brücke* über die Aufeinanderfolge der Farben in den *Newton*'schen Ringen. *Poggendorff*'s Annalen der Physik und Chemie, Bd. LXXIV, p. 583.

Chamäleonen nach dem Principe der dünnen Blättchen, sondern nach dem Principe der schmalen Leisten, wie die Farben der irisirenden Knöpfe erzeugt. Der Abstand der Leisten von einander, den ich an einem Bauchschilde von *Tropidonotus natrix* mass, betrug von der oberen Kante der einen bis zur oberen Kante der anderen 0,00072 mm.

Bei keiner Familie der Amphibien spielen wohl die Interferenzzellen mit den Farben, welche sie erzeugen, eine so grosse Rolle als bei den Fröschen, unter denen sich wiederum das Genus *Hyla* durch Schönheit und Mannigfaltigkeit der Farben ganz besonders auszeichnet. Ausser dem bekannten schwarzen und einem gelblichen Pigmente, welches in der Haut dieser Thiere verbreitet ist, trägt dieselbe unter der Epidermis aber über dem schwarzen Pigmente eine Schicht von Zellen, deren feinkörniger und wahrscheinlich krystallinischer Inhalt zu den prachtvollen Interferenzerscheinungen Veranlassung giebt, welchen das Thier die schöne grüne Farbe, in welche es gekleidet ist, so wie den Perlmutterglanz seiner Flanken und Schenkel verdankt. [197] Diese Zellen, welche man bisher fälschlich für Pigmentzellen ansah, sind auf der Rückseite des Kopfes, des Rumpfes und der Glieder, wo sie wie die Pflastersteine eine dicht neben der andern liegen, polygonal, nach der Bauchseite zu, wo sie weiter auseinander gerückt sind, sind sie vielfach verästelt, ganz so wie man dies so oft an den schwarzen Pigmentzellen sieht. Die Farben gehören dem dritten *Newton*'schen Ringsysteme an und sind im auffallenden Lichte: Meergrün, brillantes Grün, blasses Gelbgrün, falbes Gelb und sogenannte Fleischfarbe, das heisst ein mit viel weiss gemischtes röthlichtes Orange, im durchfallenden Lichte röthlich Orange, Roth, Purpur, Graublau und Meergrün. An den schön grünen Theilen des Thieres kommen indessen nur die ersten drei Farben vor, die beiden letzten finden sich nur an den grauen oder weisslichen, perlmutterglänzenden. Zur Untersuchung empfehle ich namentlich den Theil der Schenkelhaut, wo die grüne Farbe in Weiss übergeht, weil man hier die grösste Mannigfaltigkeit der Farben und Formen findet und nicht durch das unterliegende schwarze Pigment gestört wird, welches die Haut des Rückens in der Regel ganz undurchsichtig macht. Am besten breitet man ein solches Hautstück einfach mit der Fleischseite nach unten auf dem Objectträger aus, und betrachtet es abwechselnd bei auffallendem und bei durchfallendem Lichte, ohne es mit Wasser zu befeuchten oder mit einem Deckglase zu bedecken; man muss jedoch die Untersuchung beendigen, ehe das Präparat eintrocknet, denn sonst schwinden die schönen Farben, die Zellen sind ihrer Form nach noch zu erkennen, aber bei auffallendem Lichte sind sie grau, bei durchfallendem bräunlich. Hierdurch zeigt es sich schon bei der ersten rohen Untersuchung, dass das Medium, an dessen beiden Grenzflächen die interferirenden Wellensysteme reflectirt werden, ein anderes ist als in den Interferenzzellen der Chamäleonen. [d])

Betrachten wir diese drei innerhalb eines engen Kreises gesammelten Beispiele und denken wir weiter hinaus an die schillernden Flügel vieler Schmetterlinge, an den prachtvollen Metallglanz mancher Käfer und an die zum Theil noch ganz ununtersuchten Farbenerscheinungen an vielen Seethieren, so können wir wohl sagen, dass das Thierreich einen Reichthum an optischen Phänomenen enthält ähnlich dem, welchen das Polariskop im Mineralreich erschlossen hat, während die Pflanzenwelt, deren Farbenpracht unser unbewaffnetes Auge so sehr ergötzt, dem untersuchenden Optiker mit Ausnahme der durch *Boeck* bekannt gewordenen Polarisationsphänomene selten etwas anderes als die langweilige Erscheinung der Absorptionsfarben vorführt. Demjenigen, der sich der Arbeit unterzieht, die Farben der Thiere in Rücksicht auf ihre Entstehung einer umfassenden Untersuchung zu unterwerfen, ist gewiss eine reiche Ernte kleiner Entdeckungen aufbehalten, deren Gesammtheit einen höchst schätzbaren Beitrag sowohl für die Zoologie wie für die Chromatik bilden wird.

Kehren wir zu unseren Chamäleonen zurück und verlassen wir die Epidermis, um die Cutis zu untersuchen. Das erste was uns hier entgegentritt, ist das *Pigment superficiel blanc, grisâtre, jaunâtre* von *Milne-Edwards*. Dasselbe bildet seine dichtesten Massen in den oberen Theilen der Cutis, erstreckt sich aber nach abwärts bis in das subcutane Bindegewebe, wo es sich so zwischen die anderweitigen Gewebtheile eindrängt, dass es frei in den Zwischenräumen derselben zu liegen scheint, nach dem Anblick aber, den einzelne Präparate gewährten, muss ich glauben, dass es ursprünglich in Zellen abgelagert wird, deren Fortsätze sich zwischen andere Gewebtheile eindrängen und dann durch den Wachsthum dieser noch weiter verschleppt werden. Sicher konnte ich dies nicht ermitteln, da das Object an und für sich wegen der Undurchsichtigkeit des Pigments bedeutende Schwierigkeiten darbot

und mir auch die verschiedenen Entwickelungsstufen nicht zu
Gebote standen.

Figur 3 zeigt einen Durchschnitt durch ein von der Epidermis befreites Hauttuberkel bei hundertmaliger Vergrösse-
rung, auf das das Licht von oben frei auffällt, um das helle
Pigment zu beleuchten und von dem dunkeln zu trennen,
während das durchfallende Licht so weit abgeblendet ist, dass
der Grund grau erscheint und die übrigen Gewebtheile sich
nicht erkennen lassen. Die schwarz gefärbte Haut, aus der
der Durchschnitt genommen ist, war einfach getrocknet und
letzterer wurde dann in Wasser wieder aufgeweicht. Das in
Rede stehende Pigment ist feinkörnig, in Kali löslich und der
grössten Masse nach [198] weiss, nur der obere der Epidermis
zunächst liegende Theil ist häufig gelb, namentlich an den
Tuberkeln der Lateralflecken, der Kopfstreifen, der Binden
und der Stippchen, weniger an denen des gemeinsamen Grundes
für die Zeichnung, und hier wiederum am seltensten am Bauche,
niemals an dem Bauchstreifen selbst. Das Gelb ist bei verschiedenen Thieren und an verschiedenen Hautstellen von verschiedenem Tone und verschiedener Intensität, und kann sich
vom blassen Gelbweiss bis zum Hochorange steigern. Letzteres
habe ich jedoch nur an den Lateralflecken eines meiner Chamäleonen wahrgenommen und auch hier nur an den kleinen
Tuberkeln und am Rande der grösseren, während diese übrigens
weiss waren.

Hierauf betrachten wir das *Pigment profond*, *rouge
violacé*, *rouge noirâtre*, *vert de bouteille* von *Milne-Edwards*.
Dieses dunkle Pigment, welches in der ganzen Haut mit Ausnahme des weissen Bauchstreifs vorkommt, liegt in verzweigten
Zellen, deren Körper unter oder in der Hauptmasse des weissen
Pigments gelagert sind. Wenn das Tuberkel an seiner Oberfläche schwarz erschien, so durchbohrten die zahlreichen Ausläufer das helle Pigment und verdeckten es, indem sie sich
bis unmittelbar unter die Epidermis erstreckten und daselbst
anschwollen, so dass sie einander berührten. Jede einzelne
Zelle hat dann gewöhnlich das Aussehen einer Baumwurzel,
deren Würzelchen gegen die Oberfläche gerichtet sind. Bisweilen gehen auch einzelne Würzelchen nach der Seite oder
in die Tiefe, die sich ebenso wie die Ausläufer des weissen
Pigments zwischen andere Gewebtheile eindrängen. Erschien
die Oberfläche des Tuberkels hellfarbig, weiss oder gelb, so
war der Körper der Zelle massiger, aber die Ausläufer waren

theils verschwunden, theils verkürzt, so dass sie die Oberfläche nicht erreichten. [1] Ich überzeugte mich aber bald,
dass diese Verkürzung nur scheinbar war, indem nur das
Pigment in die Tiefe zurückgetreten war, die Ausläufer selbst
aber nicht eingezogen, sondern nur entleert dem Auge ent-
schwanden. Es zeigte sich dies darin, dass in einigen Aus-
läufern und ihren Aesten einfache Reihen von Pigment-
körnern zurückgeblieben waren, welche dieselben noch kennt-
lich machten. [2]

Aus diesem Allen konnte ich entnehmen, wie *Milne-
Edwards* recht hatte, zu sagen, dass dieses dunkle Pigment
bald an die Oberfläche komme, bald in die Tiefe zurückgehe
und dass dadurch die Farbe des Thieres verändert werde;
dieses Pigment war aber weder roth noch violet
noch bouteillengrün, sondern schwarz und wie fast
alles schwarze Pigment im Thierreiche in dünnen
Schichten mit brauner Farbe durchscheinend. *Milne-
Edwards* behandelte seine Präparate mit Kali, um sie durch-
sichtiger zu machen, und hierdurch ist er wohl in sofern ge-
täuscht worden, als dieses in der That den Inhalt der besagten

---

1) Beide Zustände sind in Fig. 4 und 5 nach der Natur abgebildet. Die Präparate, welche dazu dienten, waren dünne senk-
recht auf die Oberfläche geführte Schnitte der getrockneten Haut,
welche mit Kalilösung durchsichtig gemacht waren.

2) Dies Verschwinden der Ausläufer an verzweigten Pigmentzellen lässt sich an unsern Fröschen, die bekanntlich auch die
Farbe wechseln, leicht beobachten. Hier bemerkte es zuerst *Az-
mann*, der es aber, wie es scheint, irriger Weise für pathologisch
hielt und der Resorption zuschrieb *(de gangliorum systematis struc-
tura penitiori ejusque functionibus, diss. inaug.* Berolini 1847, 4°).
Vor Kurzem schrieb mir Herr Hofrath *R. Wagner*, dass er die Erscheinung gleichfalls in sehr auffallender Weise wahrgenommen
habe. Ich selbst habe sie während meiner Versuche über die
Mechanik der Entzündung (Sitzungsberichte der kaiserl. Akademie,
Juni und Juliheft 1849) sehr häufig gesehen und aus ihr Nutzen
gezogen. Da ich jene Untersuchungen in einem kalten Klima, in
Königsberg in Preussen, im strengen Winter begann, litt ich bisweilen Mangel an Fröschen und musste mich dann auch mit solchen
begnügen, deren Schwimmhaut reichlicher mit Pigment versehen
war, als es bei solchen Versuchen wünschenswerth ist. Oft, wenn
ich einen Frosch aufgebunden hatte, erschien die Schwimmhaut
ganz unbrauchbar, wenn ich aber dann wartete, bis das Thier einige
Zeit in seiner peinlichen Lage zugebracht hatte, so verschwanden
oft alle Ausläufer der Pigmentzellen, indem der Farbstoff in einen
rundlichen Haufen in dem Körper der letzteren gesammelt wurde
und ich konnte nun ungestört beobachten.

Zellen theilweise mit rother und schön violeter Farbe löst; was ihn aber verleitete, denselben bouteillengrün zu nennen, kann ich nicht errathen.

Dadurch, dass sich die Angaben von *Milne-Edwards* über die Farben des dunkeln Pigments nicht bestätigen, scheint uns plötzlich unser Ziel, die Erklärung des Farbenwechsels, welches er vollständig erreicht zu haben glaubte, wieder weit entrückt zu sein. Man könnte freilich glauben, dass die von mir oben beschriebene Interferenzschicht die Mehrzahl der Farben erzeuge, wenn man sich aber hierbei beruhigen wollte, so würde man sich einem groben Irrthume hingeben. Die Interferenzschicht ist bei gewöhnlicher Beleuchtung und wenn das Thier nicht sehr dunkel gefärbt ist, nur von höchst untergeordneter Wirkung, [199] und ich sah alle Farben, welche ich im Eingange unter den Nummern 1, 2 und 3 aufgezählt habe, an einem Chamäleon, das eben gehäutet hatte und an dem noch keine deutlichen Interferenzfarben wieder wahrzunehmen waren. Alle diese Farben entstehen durch verschiedenartige Superposition und Juxtaposition der beiden beschriebenen Pigmente.

Es giebt eine grosse Menge von undurchsichtigen aber durchscheinenden Substanzen, welche, während sie in grossen Massen weiss, oder doch sehr wenig gefärbt erscheinen, in dünnen Schichten ein sehr verschiedenes Verhalten zeigen, je nachdem man sie bei durchfallendem Lichte betrachtet oder sie auf einem dunkeln Grunde ausgebreitet von oben her beleuchtet. Im ersteren Falle erscheinen sie braun, braungelb, rothgelb, ja selbst roth, im letzteren violetgrau oder graublau, ja nicht selten, wenn auch nicht in reinem doch in recht schönem Blau.

Dies kommt im gewöhnlichen Leben so oft zur Anschauung und drängt sich uns so sehr auf, dass *Göthe* dadurch veranlasst wurde, einen grossen Theil seiner Zeit und seiner Kräfte einer Farbenlehre zu widmen, in welche kommende Geschlechter wohl kaum noch einen Blick thun mögen, während die Harfe des todten Dichters mit ihren mächtigen Klängen Jahrtausende durchhallt.

Wenn wir die beschriebene Erscheinung einfach in die Sprache der Wissenschaft übersetzen, so sagen wir: Jene Körper reflectiren vorherrschend Licht von kurzer Schwingungsdauer, und lassen vorherrschend Licht von langer Schwingungsdauer durch. Auf die Art und Weise, wie sich dies aus den

Lehrsätzen der Optik herleiten lässt, werde ich in einer eigenen
Abhandlung näher eingehen*), die Erörterung hierüber gehört
zu sehr einem andern Felde an, als dass ich sie dieser wesentlich zoologischen Schrift hätte einverleiben sollen. Ich er-
innere desshalb hier nur an die Thatsache selbst, für welche
dem Anatomen und Physiologen gewiss die blaue Farbe der
Regenbogenhaut eines der geläufigsten Beispiele sein wird.
Die Iris des schönsten blauen Auges enthält keine Spur von
einem blauen Pigmente und ihre Farbe rührt lediglich daher,
dass ihr durchscheinendes Gewebe vor einer schwarzen Pigment-
schicht ausgebreitet ist; sobald man diese entfernt, schwindet
auch das Blau. Nach demselben Principe werden blaue und
grüne Tinten bei den Eidechsen und Schlangen sehr häufig
erzeugt. Untersucht man z. B. eine grüne Schuppe von
*Lacerta viridis*, so findet man auf derselben zu unterst eine
Lage von schwarzen und darüber eine dünne, durchscheinende
von weissem oder gelbweissem Pigment, so dass, wenn man
die Epidermis wegnimmt, die Schuppe blau oder blaugrün
erscheint, je nachdem das helle Pigment mehr weiss oder
gelblich ist. Die Epidermis selbst ist mit weingelber Farbe
durchscheinend und verwandelt somit das Blau oder Blaugrün
in die schöne grasgrüne Farbe, mit welcher das Thier ge-
ziert ist.

Ganz ähnlich verhält es sich mit unseren Chamäleonen.
Betrachten wir zuerst eine Hautstelle, deren helles Pigment
rein weiss ist, so wird diese weiss erscheinen, sobald das
schwarze Pigment so weit in die Tiefe zurückgezogen ist,
dass das helle darüber eine Schicht bildet, die dick genug
ist, um undurchsichtig zu sein; sobald aber das schwarze
Pigment sich der Oberfläche nähert, so wird das Weiss in
Blaugrau übergehen und endlich, wenn es ihr schon sehr
nahe gekommen ist, einer violetgrauen Farbe Platz machen,
welche am besten der sogenannten Neutraltinte (*teinte neutre*)
unter den Aquarellfarben verglichen wird, wie man diese
Farbe auch bei der mikroskopischen Untersuchung von Haut-
durchschnitten überall da wahrnimmt, wo die dünnsten Schichten
von rein weissem Pigment über dunklem liegen. Je mehr aber
das helle Pigment in seiner oberen Schicht gelb gefärbt ist,
um so mehr wird die Erzeugung des Violet unmöglich werden,
und je nach der Energie des Gelb, werden Blaugrün, Grün
und Gelbgrün auftreten, welche natürlich wiederum mit der
verschiedenen Dicke der hellen Schicht, welche über der

dunkeln liegt, in Rücksicht auf Ton und Schattirung modificirt werden. In der That ist es leicht, sich zu überzeugen, dass die Tuberkeln, an denen die blauen und violeten Töne entstehen, wenn sie ihre hellste Farbe annehmen, weiss werden, während diejenigen, an welchen man die grünen wahrnimmt, nur bis zum Gelb verbleichen, und mit dem einfachen Mikroskope lassen sich die einzelnen Phasen des Farbenwechsels recht gut verfolgen.

[200] Wir haben bis jetzt den Fall betrachtet, wo das schwarze Pigment gleichmässig gegen die Oberfläche vorrückt, es kommt aber auch vor, dass es in einigen Zellen ganz bis zur Oberfläche reicht, während es in den dazwischen liegenden in die Tiefe zurückgezogen ist. Man hat dann eine weisse oder gelbe Fläche mit schwarzen Punkten, die aber so klein sind, dass sie das blosse Auge nicht als solche unterscheidet, sondern ihr Eindruck mit dem des Grundes vermischt wird. Je mehr diese Anordnung Raum gewinnt, um so mehr verlieren die Farben an ihrer Schönheit und machen dem neutralen oder schmutzig gelblichen Grau Platz; dies sind die Farben durch Juxtaposition, welche die Mischungsfarben der beiden Pigmente darstellen, während bei dem früher betrachteten Falle der Superposition ganz neue Farben entstanden, welche durch blosse Mischung der Pigmente nicht erzielt werden können. Eben weil *Milne-Edwards* die Entstehungsweise dieser Farben nicht kannte, glaubte er das dunkle Pigment des Chamäleons für violet oder grün gefärbt halten zu müssen, weil er sich sonst die Entstehungsweise der vielen Farben des Thieres nicht zu erklären wusste.

Wir haben aber noch einen zweiten Fall der Superposition zu betrachten, nämlich den, bei welchem das dunkle Pigment vor das helle tritt. Geschieht dies in solchen Massen, dass das erstere eine undurchsichtige Schicht vor dem letzteren bildet, so wird die Hautstelle schwarz, so lange dies aber nicht der Fall ist, sondern das helle noch durch das dunkle hindurch wirkt, so entsteht, da das letztere mit brauner Farbe durchscheinend ist, die ganze Reihe der braunen Tinten, durch welche alle verschiedenen Farben des Thieres in Schwarz übergehen können. Ich habe endlich noch von einer blassen Fleischfarbe zu sprechen, welche ich an den Lateralflecken eines meiner Chamäleonen beobachtete. Bei der Untersuchung dieser Hautstellen ergab es sich, dass das helle Pigment derselben theilweise ganz weiss, theilweise hoch orange gefärbt war.

Weiss an der Oberfläche war es namentlich auf den Kuppen
der grösseren Tuberkeln, orange an den Rändern und an den
kleinen Tuberkeln. In einiger Entfernung wurden beide Farben
nicht mehr als gesondert unterschieden und gaben als Mischung
eben jene blasse Fleischfarbe. Diese Flecken konnten gleichfalls durch verschiedene graue und braune Nüancen, die theils
durch Juxtaposition, theils durch Superposition entstanden, in
Schwarz übergehen.[f])

Nachdem ich so gezeigt habe, wie die verschiedenen
Farben zu Stande kommen, wollen wir zur Betrachtung der
den Farbenwechsel veranlassenden Momente übergehen.

Da wir gesehen haben, dass der Farbenwechsel, wie
*Milne-Edwards* richtig erkannt hatte, immer wesentlich darauf
beruht, dass dunkles Pigment an die Oberfläche kommt oder
in die Tiefe zurücktritt, so werden wir uns zunächst um die
Veranlassung zu diesen Bewegungen zu kümmern haben, d. h.
wir werden uns fragen: Wann färbt sich das Thier dunkel
und wann hell? Unter den Einflüssen, die das Thier dunkel
färben, steht, wie auch aus den Angaben vieler guter Beobachter hervorgeht, das Licht oben an, oder vielleicht drückt
man sich, wie wir in der Folge sehen werden, ebenso richtig
aus, wenn man sagt: Vor allem ist es die Dunkelheit, welche
die Chamäleonen blass und hellfarbig macht. Wenn man ein
Chamäleon in einen dunkeln Raum einsperrt, so findet man es
schon nach wenigen Minuten blässer als vorher, nach zehn Minuten ist der Wechsel schon im hohen Grade auffallend, aber er
nimmt bei längerem Aufenthalt im Dunkeln noch zu, so dass
nach einer halben bis einer Stunde die Tinten in der Regel
so verblichen sind, dass man von der Zeichnung nichts mehr
erkennt, wenn sich nicht, wie dies meistens der Fall ist, die
Elemente derselben durch eine gelbere Färbung des oberfläch-
lichen Pigments auszeichnen. Ans Licht gebracht, wird das
Thier sehr rasch, ja in wenigen Secunden wieder dunkel und
ist nach einigen Minuten meist dunkler als es vor dem Versuche war. Den höchsten Grad der Dunkelheit erreichen die
Chamäleonen, wenn sie sich behaglich sonnen, sie sind dann
bisweilen an der dem Lichte zugewendeten Seite fast ein-
förmig schwarz, die andere ist stets heller gefärbt und mehr
oder weniger deutlich gezeichnet. Um zu sehen, in wiefern
sich der Einfluss des Lichts auf die von demselben getroffenen
Stellen beschränkt, oder sich über dieselben hinaus verbreitet,
legte ich einem gut beleuchteten Thiere ein Halsband von

Stanniol um; als ich dasselbe nach einigen Minuten abnahm, fand ich unter demselben einen hellen Streif. [201] Ich habe diesen Versuch seitdem oft und stets mit demselben Erfolge wiederholt, und ihn auch Anderen gezeigt. Auch habe ich oft Gelegenheit gehabt zu sehen, wie sich die Schlagschatten der nahe an den Körper gezogenen Extremitäten hell auf demselben abbildeten. Kurz, die Haut des Chamäleons dunkelt am Lichte wie Chlorsilber, und man kann sich im ersten Augenblicke kaum der Vorstellung erwehren, dass hier unter dem Einflusse des Lichtes ein chemischer Process vorgehe, von dem die Veränderung herrührt, so irrthümlich auch diese Ansicht, nach dem was wir bereits früher kennen gelernt haben, sein würde. Man kommt aber auch bald wieder von derselben zurück, wenn man, wie dies nicht selten geschieht, die Thierchen einmal ziemlich hellfarbig im vollen Sonnenlichte umherspazieren sieht. Dies kommt namentlich vor, wenn sie sich lebhaft bewegen oder bewegt haben, vom Fressen oder von einer ihrer häufigen und höchst possirlichen Raufereien zurückkehren u. s. w. In solchen Fällen unterscheiden sich indessen ihre Farben sehr wesentlich von denen, welche sie im Dunkeln annehmen, sie sind meist lebhaft, und auch wenn es sogenannte unbestimmte, d. h. mit Grau gemischte Farben sind, so erscheinen sie doch nie so blass und sind deutlich gemustert, während im Dunkeln die Tinten in der Weise verbleichen, dass die Zeichnung dadurch grösstentheils verwischt wird, indem an dem ganzen Thiere keine anderen Farben zu sehen sind, als weiss, gelbweiss und gelb, welche letztere Farbe an vielen auch nur blass ist, so dass man dann bei Lampenlicht durchaus gar keine Zeichnung erkennt.

Da die Thiere sich wie natürlich in der Sonne nicht unbeträchtlich erwärmten, so untersuchte ich zunächst, ob die Wärme als solche einen Einfluss auf die Farbe derselben ausübe. Zu dem Ende heizte ich einen Brütofen auf $33\frac{1}{2}^0$ C.; aber mehrere nach einander in denselben gesperrte Chamäleonen erblassten darin eben so rasch, wie in einem anderen dunkeln Raum von nur $16^0$ C. Andererseits hatte ich, abgesehen davon, dass schon *Spittal* beobachtete, wie das blosse Licht einer Kerze eine Farbenveränderung hervorbringt, hinreichende Gelegenheit mich zu überzeugen, dass die Thiere von Strahlungen geschwärzt werden, deren erwärmende Wirkung wirklich gar nicht in Betracht kommen kann. So sah ich an einem trüben, sehr neblichen Octobermorgen an einem

Chamäleon, das im Vogelbauer am Fenster stand, die dem Lichte zugewendete Seite sehr bedeutend dunkler als die andere; tiefer in das Zimmer gebracht und vor dem Lichte geschützt, erblasste es, wurde es aber wieder ans Fenster gebracht, so bedurfte es keiner Minute, um sich wieder dunkel zu färben. Ingleichen habe ich den oben beschriebenen Versuch mit dem Stanniolhalsbande auch an trüben Tagen mit Erfolg ausgeführt.

Aus allen diesen Versuchen ging klar hervor, dass es nicht die Temperatur-Erhöhung war, durch welche die Thiere dunkler wurden, sondern dass die Strahlung irgend einen andern, uns unbekannten Einfluss auf sie ausübte. Es schien mir desshalb zunächst von Interesse, zu ermitteln, ob Strahlen von verschiedener Wellenlänge dieser Einfluss in gleichem oder in verschiedenem Masse zukommt. Die hierher gehörigen Versuche lassen sich nicht wie bei einem leblosen Gegenstande, einer *Daguerre*'schen Platte oder einem Talbotpapier, mit dem Flintglasprisma, den *Gravesand*'schen Schneiden und dem Heliostaten in physikalischer Genauigkeit ausführen, weil es ausser dem Lichte noch andere zum Theil mächtige Veranlassungen für den Farbenwechsel giebt. Indessen ist es mir gelungen, Einzelnes zu ermitteln. Wir sehen bekanntlich nur einen kleinen Theil der Strahlung, welche von glühenden oder brennenden Körpern ausgeht. Ein Theil der Strahlen kann die optischen Medien unseres Auges nicht durchdringen, weil in ihnen die Schwingungen zu langsam vor sich gehen, dies sind die dunkeln Strahlen, welche im Spectrum jenseits des Roth liegen, ein anderer Theil der Strahlen kann die optischen Medien unseres Auges nicht durchdringen, weil die Schwingungen in ihnen zu rasch vor sich gehen und dies sind die Strahlen, welche im Spectrum jenseits des Violet, oder genauer des Lavendelgrau liegen. So werden von uns nur diejenigen Strahlen als Licht empfunden, deren Schwingungsdauer zwischen den besagten Extremen liegt. [1] [202] Wir wissen nun, dass die unsichtbaren Strahlen jenseits des Roth sehr schlecht durch Wasser und noch schlechter durch Alaunlösung hindurch gehen, desshalb ist es leicht, sie von den

---

[1] *E. Brücke*, Ueber das Verhalten der optischen Medien des Auges gegen Licht- und Wärmestrahlen. *J. Müller's* Archiv für Anatomie und Physiologie. Jahr 1845, p. 262. *Poggendorff's* Annalen der Physik und Chemie. LXV. 593; ferner *E. Brücke*, Ueber das Verhalten der optischen Medien des Auges gegen die Sonnenstrahlen. *J. Müller's* Arch. 1846, p. 379. *Pogg.* Ann. LXIX, 549.

sichtbaren zu trennen. Ich schloss ein Chamäleon in ein
grosses Pulverglas mit eingeschliffenem Stöpsel, versenkte dieses
ganz in ein anderes grösseres Glasgefäss, das mit concentrirter
Alaunlösung angefüllt war, und setzte das Ganze dem Lichte
aus. Das Chamäleon wurde zwar etwas heller als es vorher
war, vermuthlich in Folge der Gemüthsbewegung, in welche
es durch seine ungewohnte Lage versetzt wurde, aber es war
nicht wie im Dunkeln verblichen, denn jedesmal färbte sich
die Seite, welche der Sonne zugekehrt wurde, dunkler als die
andere.

Einen andern Versuch stellte ich in folgender Weise an.
Ich liess einen geräumigen Kasten anfertigen, dessen Deckel
eine grüne mit Kupferoxyd gefärbte Glasplatte bildete. Der
Rahmen, in den diese gefasst war, erhob sich noch um einen
Zoll über dieselbe, so dass sie, nachdem das Chamäleon in
den Kasten gesperrt war, noch mit einer einen halben bis
dreiviertel Zoll mächtigen Wasserschicht bedeckt werden konnte.
Das Ganze wurde nun der Sonne ausgesetzt, und das Bild
derselben noch einmal durch einen Spiegel, dem man verschiedene Lagen geben konnte, reflectirt, so dass das ganze
Innere des Gefängnisses beleuchtet war; dennoch erblassten
meine Chamäleonen in demselben regelmässig, wenn auch nicht
so rasch und vollständig wie im Dunkeln. Hier aber war
ihnen auch ein sehr beträchtlicher Theil der leuchtenden
Strahlen entzogen und es wird für die später folgenden Er-
örterungen von Interesse sein zu bemerken, dass dies gerade
jene langwelligen Strahlen waren, welche in unsern Augen
am leichtesten Schmerz und das Gefühl des Geblendetseins
hervorrufen.

Ich wollte nun noch untersuchen, ob auch die dunkeln
Strahlen von grösserer Wellenlänge als das Roth eine Wirkung auf die Farbe des Chamäleons ausüben. Ich heizte
desshalb einen kubisch geformten eisernen Ofen und brachte
ein Chamäleon in einen hölzernen Kasten von der Form eines
geraden Prismas auf quadratischer Grundfläche, den ich mit
seinem einen offenen Ende so gegen den Ofen stellte, dass
dieser die fehlende Wand ersetzte. Nach acht und einer halben
Minute wurde das Thier sehr unruhig und als ich desshalb
den Versuch unterbrach, fand ich es ganz erblasst in einer
Ecke mit offenem Rachen dasitzend. Seine Haut hatte sich
durch die Strahlung so sehr erwärmt, dass ein Thermometer
mit derselben möglichst innig in Berührung gebracht auf

30° C. stieg. Bald erholte es sich wieder, ward am Lichte erst fleckweise, dann in grösserer Ausdehnung dunkel und war nach einer halben Stunde fast schwarz; nur der Rand des Helmkammes und die Supraciliarfirsten blieben hell, wie es schien, weil sie dauernd von der Hitze gelitten hatten.

Dieser Versuch zeigt, dass dunkle Wärmestrahlen von so grosser Intensität, als sie das Thier nur eben ertragen kann, die Haut desselben nicht dunkler färben, aber auch von geringeren Intensitäten, bei denen es sich noch behaglich fühlte, habe ich niemals eine Wirkung gesehen, obgleich ich jedesmal sorgfältig darauf achtete, wenn ich die Thierchen im Spätherbste bei Tage oder am Abend in die Nähe des geheizten Ofens brachte.

Wie wir oben [Seite 182] gesehen haben, giebt *Bartholin*, auf die Auctorität von *Vesling* gestützt, an, dass die Farbe des Chamäleons einem periodischen Wechsel unterworfen sei, indem es Morgens und Abends grün, Mittags schwärzlich und Nachts weiss erscheine. Diese Beobachtungen sind richtig, aber der daraus gezogene Schluss ist falsch, denn die Thiere waren Nachts hell, weil es dunkel war, Mittags dunkel, weil sie von der Sonne oder vom hellen diffusen Tageslichte beleuchtet wurden. Ich habe niemals einen Einfluss der Tageszeiten als solcher wahrnehmen können, denn zu jeder Stunde wurden sie hell, wenn ich sie in einen dunkeln Raum brachte, und ebenso konnte ich sie Nachts, wenn sie noch so sehr verblichen waren, durch künstliche Beleuchtung wieder dunkler färben. Allerdings habe ich beobachtet, dass sie in der Morgendämmerung im Allgemeinen dunkler waren, als sie bei gleicher Lichtintensität in der Abenddämmerung zu sein pflegten; aber ich glaube, dass auch dies nicht der Tageszeit als solcher zuzuschreiben ist, sondern vielmehr dem Umstande, dass die Thiere die Nacht über im Dunkeln gewesen waren; denn ich habe, wie schon erwähnt, immer bemerkt, dass sich die Thiere am Licht besonders dunkel färbten, wenn sie sich einige Zeit in einem dunkeln Raume befunden hatten.

[203] Keine andere Bedeutung glaube ich der Angabe von *Milne-Edwards* beilegen zu dürfen, wenn er sagt: »Das eine Chamäleon zeigte Nachts, wenn es im tiefen Schlaf war, eine graulich-weisse Farbe.« Die Chamäleonen werden auch im vollen Wachen hell, wenn man sie in einen dunkeln Raum sperrt, und andererseits hat sich schon *Spittal* überzeugt, dass bei Nacht das Kerzenlicht die Haut der Thiere

färbt, auch wenn sie nicht davon erwachen. Man kann diesen Versuch leicht wiederholen, denn die Thiere sind Nachts, namentlich wenn es nicht sehr warm im Zimmer ist, ziemlich schwer zu ermuntern und es scheint ein auffallender Irrthum zu sein, wenn *Linné* sie *noctu vigiles* nennt. Nur sehr selten setzt sich ein Chamäleon Nachts in Bewegung, dann kann es aber auch Stunden lang wie ein Nachtwandler in seinem Käfig umherirren, ohne dass sich seine schlafenden Genossen dadurch stören lassen, selbst wenn es über den Leib derselben hinklettert. Man könnte vielleicht glauben, dass die Thiere in ihrer Heimath am Abend den schwärmenden Insecten nachstellen; ich habe sie aber nie im Zwielicht fressen sehen, sondern nur am hellen Tage und in voller Beleuchtung wurden sie von der Atzung angelockt, so dass ich mich an trüben Tagen oft genöthigt sah sie ans Fenster zu tragen, um sie zum Fressen zu bringen.

Wenn wir so sehen, wie das Thier durch das Licht zu seinen Lebensfunctionen angeregt, von der Dunkelheit hingegen eingeschläfert wird, so liegt uns auch die Vermuthung sehr nahe, dass das Licht, indem es als Reizmittel auf die Haut des Thieres einwirkt, dieselbe dunkel färbe, und dass mithin derjenige Zustand, bei dem das schwarze Pigment bis unter die Epidermis reicht, der active, der bei dem es in der Tiefe verborgen liegt, der passive sei. Dem aber ist nicht so.

Um zu entscheiden, welcher Zustand der active, welcher der passive sei, habe ich mich anderer Reizmittel bedient, und zwar der Elektricität. Wenn man die Electroden eines *Neef*'schen Magnetelectromotors, während das Instrument arbeitet, etwa zwei bis drei Linien von einander entfernt auf die Haut eines lebenden Chamäleons setzt, so kann man dadurch dunkle Stellen in kurzer Zeit hell machen, während an hellen keine Veränderung vorgeht. Selbst auf der abgezogenen Haut des frisch getödteten Thieres erzeugen die Electroden noch einen hellen Fleck. Hier zeigt sich also die helle Farbe als dem activen, die dunkle als dem passiven Zustande entsprechend. Analoge Resultate geben andere Reizmittel, und wenn *Milne-Edwards* fand, dass kaustisches Kali die Haut, wo sie hell war, dunkel färbte, so rührt dies von der Anätzung und der Auflösung des hellen Pigments her. Unter den Flüssigkeiten eignet sich zu diesen Versuchen namentlich das Terpenthinöl, indem dieses die Haut heftig reizt, ohne sie anzuätzen, ihr Wasser zu entziehen u. s. w.

Wenn man eine Stelle der Oberfläche, während dieselbe
dunkel gefärbt ist, mit Terpenthinöl betupft, so bemerkt man
anfangs gar keine Wirkung, nach kurzer Zeit aber, wenn das
Oel anfängt in die Haut einzudringen, wird das Thier sehr
unruhig, und nun sieht man die benetzte Stelle immer heller
und heller werden, bis nach und nach das Oel an der Oberfläche verdunstet ist, und das in die Tiefe gedrungene seine
Wirkung bereits ausgeübt hat; dann hören mit den allgemeinen Symptomen der Unruhe, auch die örtlichen auf, der
Fleck wird wieder dunkler, nach längerer Zeit gewöhnlich
sogar dunkler als seine Umgebung, so dass auch hier der
heftigen Reizung eine Erschlaffung folgt. Auch auf der abgezogenen dunkeln Haut des frisch getödteten Thieres kann
man durch Terpenthinöl noch helle Flecken hervorbringen.

Indem ich von der Flanke des eben getödteten Thieres
die Haut mit dem Scalpelle abtrennte, konnte ich nicht um-
hin zu bemerken, dass, wenn auch die Haut vorher farbig
war, der abgetrennte Lappen doch immer schwarz erschien.
Ich urtheilte, dass dies von dem durch die Trennung der
Hautnerven herbeigeführten Lähmungszustande herrühre. Um
dies zu bewahrheiten machte ich einem lebenden Chamäleon
an dem äusseren Rande des Musculus sacrolumbalis und parallel
mit der Wirbelsäule einen Schnitt von ein ein halb Centi-
meter Länge, der die Haut vollständig trennte und präparirte
an der unteren Wundlefze die Haut noch in einer Breite von
zwei Millimetern von ihren Unterlagen los. Dieser Streif wurde
sogleich schwarz, und von da aus nach abwärts verbreiteten
sich dunkle dendritische Flecken. Auf die so durch Trennung
ihrer Hautnerven geschwärzten Stellen hatten Licht und Finsterniss gar keinen Einfluss mehr, [204] und sie waren Nachts,
wenn das ganze übrige Thier hell war, so dunkel wie am
Tage. Hieraus erklärt sich auch eine Beobachtung, welche
schon Mrs. *Belzoni* machte, indem sie sah, dass, wenn die
Thiere beim Fangen eine Quetschung erlitten hatten, die ge-
quetschte Stelle sich Nachts dunkel auf hellem Grunde aus-
zeichnete.

»La nuit,« heisst es am angeführten Orte auf Seite 300,
»quand ils dormaient il était facile de voir l'endroit où ils
avaient été froissés, et qui était d'un noir foncé tandis que
le reste était d'une nuance très-claire.«

Wenn einerseits alle diese Versuche auf das Schlagendste
zeigten, dass die helle Farbe dem activen Zustand und der

Contraction, die dunkle dem passiven und der Lähmung entspricht, so musste andererseits die in Licht und Dunkelheit
unveränderlich schwarze Farbe derjenigen Hautstellen. deren
Nerven durchschnitten waren, darauf hindeuten, dass Licht
und Finsterniss nicht direct auf die contractilen Elemente der
Haut oder deren Nerven einwirken, sondern die Erregungs-
zustände erst von den sensibeln Nerven auf das Rückenmark
übertragen und von dort die motorischen Hautnerven auf dem
Wege des Reflexes erregt werden. Um mich hiervon zu überzeugen durchschnitt ich einem Chamäleon das verlängerte Mark,
und zerstörte mittelst einer Sonde den Hals- und oberen Brust-
theil des Rückenmarks, worauf die Partien, welche ihre Nerven
aus diesen Theilen beziehen, sofort schwarz wurden, und nur
einzelne Tuberkeln wie helle Pünktchen licht auf ihnen stehen
blieben.    Hierauf legte ich dem Thiere zwei Stanniolgürtel
um, den einen unmittelbar unter den oberen, den anderen
unmittelbar über den unteren Extremitäten und setzte es dem
Lichte aus.   Obgleich der Himmel ganz bewölkt war und der
trübe Novembertag von keinem Sonnenblicke erheitert wurde,
fand ich doch nach kurzer Zeit unter dem unteren Gürtel einen
hellen Streif, der sich scharf und deutlich gegen die dunklere
Umgebung absetzte, während der obere keine Spur zurück-
gelassen hatte, und auch bei längerem Liegen keine solche
zurückliess.
     So sicher nun auch dieser Versuch zeigt. dass Licht und
Finsterniss nur indirect und auf dem Wege des Reflexes auf
die motorischen Hautnerven einwirken, so bleibt uns doch
noch eine wesentliche Schwierigkeit zu lösen übrig.  Wir sehen
nämlich das Chamäleon im Lichte dunkel und in der Finsterniss hell werden; und doch entspricht die helle Farbe dem
activen, die dunkle dem passiven Zustande.  Wir müssen also
entweder annehmen, dass die Finsterniss auf das Thier als
Reiz wirkt, während es sich gegen das Licht indifferent verhält, oder wir müssen annehmen, dass der durch die Erregung
der sensibeln Nerven ausgelöste Reflex nicht in einer Contraction, sondern in einer Abspannung, einer Lähmung bestehe.  Beides ist auf den ersten Anblick ziemlich unwahrscheinlich, und ehe wir uns entscheiden, müssen wir auf den
tieferen Sinn dieser beiden Annahmen eingehen.  Reiz und
Reizmittel sind vieldeutige Worte. deren Bereich man nur zu
oft nach Willkür erweitert und beschränkt hat.  Wir stehen
in steter Wechselwirkung mit der Aussenwelt, Veränderungen

in ihr bedingen Veränderungen in uns, und wenn wir Alles, was uns verändert, ein Reizmittel nennen wollten, so würde unter diese Bezeichnung nicht geringeres als die gesammte Welt unserer sinnlichen Wahrnehmungen fallen. Wenn also jener Name für uns in der Sprache der Physiologie noch eine Bedeutung haben soll, so müssen wir ihn auf diejenigen Agentien beschränken, welche, wenn sie auf motorische Nerven einwirken Bewegung, wenn sie auf sensible einwirken eine Empfindung hervorrufen können, die bei immer mehr gesteigerter Einwirkung end- lich in ein peinliches Gefühl verwandelt wird.

Hiernach nun haben wir uns zu fragen, ob ein Agens mit diesen Attributen, wenn es auf einen sensibeln Nerven einwirkt, auf dem Wege des Reflexes Unthätigkeit oder Läh- mung in einem motorischen hervorbringen könne, und ob hier- für Beispiele vorhanden sind. Unsere Kenntnisse vom Nerven- system sind noch zu lückenhaft, um die erste dieser beiden Fragen zu beantworten; was die zweite anlangt, so müssen wir bekennen, dass uns die durch das Rückenmark vermittelten Reflexwirkungen, von denen wir allein eine genauere Kennt- niss haben, kein solches Beispiel darbieten, nur eine That- sache auf einem andern Gebiete wird vielleicht in diesem Sinne gedeutet werden müssen: der Stillstand des Herzens auf [205] Reizung des zehnten Nervenpaares, aber der Vorgang bei dieser Erscheinung ist noch so dunkel, dass wir, weit entfernt ihn zur Auflösung von anderen Räthseln herbeiziehen zu können, vielmehr noch aller Hülfsmittel entbehren, um sein eigenes zu lösen.[8]

Wir wenden uns desshalb zu zwei anderen Fragen: Ist nach unserer Definition das Licht den Reizmitteln beizuzählen und ist desshalb die Finsterniss nothwendig von denselben ausgeschlossen? Was den ersteren Punkt anlangt, so ist kein Zweifel, dass das Licht sehr häufig als Reizmittel auftritt. Von seiner directen Wirkung auf motorische Nerven wissen wir freilich nichts Sicheres, aber wir sehen, dass es vom *Ner- vus opticus* aus Contraction des *Sphincter pupillae* als Re- flexbewegung auslöst, und dass es nicht nur im Sehnerven bei heftiger Einwirkung das peinliche Gefühl des Geblendetseins hervorruft, sondern auch bei vielen von den Ciliarnerven aus einen lästigen Kitzel in der Nasenschleimhaut erregt, worauf Niesen als Reflexbewegung zu folgen pflegt. Die Erregung der Hautnerven durch das Licht empfinden wir nur in sofern dasselbe eine Temperaturerhöhung hervorruft, welche letztere, wie wir gesehen haben, beim Farbenwechsel der Chamäleonen nicht in Betracht kommt. Was die zweite Frage anlangt, so wird es schwer sein, sie unbedingt zu bejahen. Wir wissen zwar von einer erregenden Wirkung der Finsterniss nichts, aber wir können sie nicht desshalb für unmöglich erklären. weil wir das Licht als Reizmittel kennen gelernt haben. Niemand wird leugnen, dass die Hitze nach unserer Definition ein Reizmittel sei, und wer kann desshalb sagen, dass es die Kälte nicht sei? Wir brauchen eine gewisse mittlere Temperatur. damit unsere Hautnerven das Minimum von Erregung zum Rückenmark und Hirn bringen; dies ist die Temperatur, in der wir uns wohl fühlen, indem wir durch sie nicht daran erinnert werden. dass wir einen Leib haben, geringere sowohl als grössere Wärme bringt peinliche Empfindungen hervor, und kann Reflexbewegungen, selbst solche von grosser Heftigkeit auslösen. Es ist so auch an sich nicht undenkbar, dass das Chamäleon eines gewissen Grades der Helligkeit bedürfe, damit seine sensibeln Hautnerven das Minimum der Erregung zum Rückenmark bringen, und dass, wenn dieser nicht erreicht wird, mit der höheren Erregung des Rückenmarks auch eine höhere Erregung der motorischen Hautnerven eintritt. Diese Ansicht stimmt zwar wenig überein mit der Wirkung, welche Licht und Finsterniss auf die Thiere im Allgemeinen ausüben, denn im Hellen sind sie erregt und munter, in der Dämmerung aber oder in einem schlecht beleuchteten Zimmer träg und schläfrig, aber auch hier bietet unser eigenes Verhalten gegen die Kälte wieder eine Analogie, denn wenn dieselbe, sich allmählich steigernd, auf uns einwirkt, so fühlen wir uns trotz des peinlichen Gefühls und trotz der *Cutis anserina*, welche sich über unserm Körper ausbreitet, schlafsüchtig und wenig zu Bewegungen aufgelegt. Der Unterschied würde aber nur darin liegen, dass während in unsern Hautnerven nur eine gewisse Summe von lebendiger Kraft in Form von Wärme vorhanden sein muss, wenn sie das Minimum von Erregung zum Rückenmark bringen sollen, für die Hautnerven des Chamäleons vielmehr die Einwirkung von Strahlen einer gewissen Wellenlänge, der Impuls von Schwingungen von einer gewissen Dauer gefordert wird.

Eine dritte Annahme, welche uns den Schwierigkeiten der beiden bisher discutirten zu entziehen verspricht, würde darin bestehen, dass man beide Zustände, sowohl den der dunkeln als den der hellen Farbe, als activ betrachtet, und von zwei antagonistisch wirkenden contractilen Elementen ableitet, von denen das, welches den hellen Zustand hervorbringt an Kraft überwiegt, und desshalb, wenn beide gleichzeitig erregt werden den Sieg davon trägt, aber von den Empfindungsnerven aus nicht, wie das, welches den dunkeln Zustand bedingt, reflectorisch erregt werden kann. Es würde eine solche Anordnung ihre volle Analogie in dem Bewegungsapparate der Blendung der Säugethiere finden, denn hier erweitert sich die Pupille, wenn man die Blendung in ihrer Gänze mittelst des Magnetelectromotors reizt, sie erweitert sich ebenso activ im Tetanus und verengert sich wieder mit dem Nachlassen des Krampfanfalls oder dem Tode des Individuums, während auf den Lichtreiz immer nur Verengerung eintritt, indem vom Sehnerven aus der *Sphincter pupillae* allein reflectorisch erregt wird.[b] Dieser Vergleich brachte mich darauf zu untersuchen, welche Erscheinungen ein in Tetanus versetztes Chamäleon zeige. Sie waren folgende. Als die ersten [206] Erscheinungen erhöhter Reflexreizbarkeit bei dem mit salpetersaurem Strychnin vergifteten Thiere eintraten, war es zwar heller als es sonst zu sein pflegte, aber die Zeichnung setzte sich noch sehr deutlich dunkel von dem Grunde ab; als indessen die Krämpfe eintraten, die bald in eine continuirliche Starrheit übergingen, schwand die Zeichnung immer mehr und mehr, und nur die Stippchen erhielten sich noch, aber selbst als das Thier, schon unfähig sich willkürlich zu bewegen, mit gestreckten Gliedern auf die Seite gefallen war, liess sich der Einfluss des Lichtes noch deutlich wahrnehmen, indem die nach unten gewendete Seite jedesmal die hellere, die nach oben gewendete die dunklere wurde; doch bald schwanden mit den Stippchen die letzten Reste der dunkeln Zeichnung und mit ihnen auch jede Spur von Reizbarkeit für das Licht. Das blassgelb und weisslich gefärbte Thier lag noch eine Weile in völliger Starrheit da, bis endlich das Erschlaffen der Glieder seinen Tod verkündete, und nun erst traten nach und nach zuerst am Kopfe und Halse, dann am Körper wieder dunkle Flecken auf.

Alle diese Versuche hatten einhellig gezeigt, wie der ganze Farbenwechsel vom Centralnervensystem aus beherrscht wird,[i] und von diesem Standpunkte aus wird es leicht sein, die Angaben der früheren Beobachter zu beurtheilen. Man hat das Chamäleon zu einem Sinnbilde der Mantelträgerei und

der Verstellung gemacht, aber nie ist ein Symbol schlechter
gewählt worden; denn wohl kein Wesen ist weniger geeignet
sich zu verstellen als dieses unschuldige Thierchen, dem sein
jedesmaliger Gemüthszustand nicht nur auf der Stirn sondern
auf dem ganzen Leibe geschrieben steht. Wenn sie ernstlich
unter einander kämpfen, so werden sie bisweilen ganz dunkel,
so dass man im eigentlichsten Sinne von ihnen sagen kann,
dass sie vor Zorn schwarz werden. Greift sie hingegen der
Mensch an, so dass sie in Furcht gesetzt werden, dann treten
auf dem ganzen Körper die Stippchen mit ungewöhnlicher
Deutlichkeit hervor, wie *van der Hoeven* dies auf seiner
zweiten Tafel sehr gut abbildet. Ich habe Nachts ganz helle
Chamäleonen gegriffen und sie eine kurze Weile im Finstern
in meinen Händen zappeln lassen: wenn ich sie dann ans
Licht brachte, zeigten sie schon die dunkeln Stippchen, *die*
sich im Lichte noch dunkler färbten. Ein ähnlich geflecktes
Ansehen nehmen sie bisweilen an, wenn sie eifrig fressen.
Im Allgemeinen sind sie um so lebhafter gefärbt und gezeichnet, je munterer und erregter sie sich überhaupt zeigen.
Wenn sie träg und unlustig sind, so tritt die Zeichnung zurück
und die Farben werden grau und unbestimmt, ein Zeichen,
dass in den einzelnen Hauttuberkeln keine Gleichmässigkeit
in dem Vorrücken und Zurücktreten des schwarzen Pigments
stattfindet. Nur die Lateralflecken, die sich dann dunkel absetzen, sind oft noch deutlich sichtbar. Andauernde Blässe
ist ein Zeichen von Krankheit, das schwerste Krankheits-
symptom aber sind ausgebreitete schwarze Flecken an dem
übrigens hellen Thiere, die in keinem Zusammenhange mit der
natürlichen Zeichnung desselben stehen. Wenn das Chamäleon zu den Thieren gehörte, welche der Mensch der ärzt-
lichen Behandlung würdigt, so würde gewiss ein grosses dia-
gnostisches Capitel von der Hautfarbe handeln, da sie bei
diesem Thiere in so hohem Grade geeignet ist, Auskunft über
den Zustand des Centralnervensystems zu geben.

Wie wir oben gesehen haben, hat man auch dem Auf-
geblähtsein der Thiere und dem Ausdehnungsgrade der Lungen
überhaupt einen wesentlichen Einfluss auf die Farbenänderu-
rung zugeschrieben. Um nun zunächst dem Leser alle über-
triebenen Vorstellungen von diesem Aufblähen oder Aufblasen,
die ihm vielleicht durch die Berichte einiger meiner Vorgänger
erweckt sind, zu verscheuchen, will ich die Mechanik dieses
Actes näher auseinander setzen. Derselbe besteht in nichts

anderem als in einer tiefen Inspiration, auf welche nicht unmittelbar eine entsprechend tiefe Exspiration folgt und die
wegen des eigenthümlichen Baues des Thorax dem Thiere ein
sehr auffallendes Ansehen giebt. Bei den Chamäleonen ist
das Stück der Rippe, welches dem Rippenknorpel des Menschen
entspricht, sehr lang, fast so lang wie die ganze übrige Rippe.
Es ist mit dieser durch ein sehr frei bewegliches Gelenk ver-
bunden, und bei den Bauchrippen, welche als solche sich nicht
mit dem Sternum verbinden, geht das untere Ende des Stückes
mit dem gleichnamigen der andern Seite in der Mittellinie des
Bauches gleichfalls eine Gelenkverbindung ein. Dieses Rippen-
stück also kann gegen die übrige Rippe so geneigt werden,
dass beide einen sehr spitzen gegen das [207] Kopf-Ende des
Thieres offenen Winkel mit einander bilden, wodurch begreif-
lich der Bauch dem Rückgrat genähert und das Thier sehr
schlank wird. Dies geschieht namentlich, wenn das Thier
beim Klettern um weit auszugreifen genöthigt ist seine Wirbelsäule möglichst zu strecken. Andererseits aber können beide
Stücke so gerichtet werden, dass sie mit einander einen sehr
stumpfen gegen das Kopf-Ende des Thieres offenen Winkel
bilden; dadurch werden Bauch und Rücken von einander entfernt und der senkrechte Durchmesser des Thieres kann namentlich in der Mitte des Bauches auf mehr als das Doppelte seiner
früheren Grösse anwachsen. Dabei sind, wegen der ungleichen
Länge der Rippen, Rücken und Bauch stark gekrümmt, so
dass das Thier in der That, wie *Valisnieri* treffend sagt,
die Gestalt einer Scholle hat. Auch an Dicke kann es dabei
etwas zunehmen, wenn es seine Rippen nach aussen wölbt,
was aber voraussetzt, dass sein senkrechter Durchmesser noch
nicht sein Maximum erreicht habe; ist dies der Fall, so ist
es von einer Flanke bis zur andern kaum einen Viertelzoll
dick. Eine andere sehr possierliche Gestalt nimmt das Thier
bisweilen an, wenn es an seinem Schwanze aufgehängt ist,
indem es dann die Rippen nach rechts und links möglichst
weit auseinander spreizt, so dass die vorerwähnten Bauch-
stücke derselben beiderseits in eine auf die Mittelebene des
Thieres senkrechte Ebene zu liegen kommen, und der Quer-
schnitt desselben ein Dreieck darstellt, dessen eine Seite in
der Bauchwand, die beiden andern in den Flanken liegen.
Die Behauptung, dass die Thiere auch ihren Schwanz und
ihre Beine aufblasen können, beruht auf einer Täuschung.
Die vielbesprochenen Anhänge der Lungen sind nichts

als die Lungenlappen selbst, die hier, wo die Lungen sich durch die ganze Bauchhöhle erstrecken, so schlank und seltsam gestaltet sein müssen, um bei den grossen und verschiedenartigen Veränderungen der Leibeshöhle in Rücksicht auf Form und Rauminhalt derselben immer ohne Zerrung und Lückenbildung den Raum zwischen den Eingeweiden ausfüllen zu können, und die Luftgänge des *Valisnieri* sind nur aus einer luftigen Phantasie entsprungen. Ich habe mich hiervon sehr sicher in folgender Weise überzeugt: Ich drückte ein Chamäleon, nachdem ich ihm die Haut abgezogen hatte, seitlich zwischen zwei Tüchern so zusammen, dass die in den Lungen enthaltene Luft möglichst vollständig aus der Trachea entwich, führte dann in diese eine Canüle ein und spritzte die Lungen, während das Thier in warmem Wasser lag, mit Talg aus. Nirgends gelangte eine Spur davon an die Oberfläche, und als ich später, nachdem das Talg erstarrt war, das Thier öffnete fand ich alle Fortsätze der Lungen gefüllt und alle Eingeweide genau und ohne Lücken zwischen denselben eingebettet.

Das Aufblähen kann an und für sich in sofern zu einer Farbenveränderung Veranlassung geben, als durch die Ausdehnung der Haut kleine Hauttuberkeln, welche zwischen den grösseren versteckt und anders und zwar, da sie im Schatten lagen, im Allgemeinen heller gefärbt sind, zum Vorschein kommen. Dies ist namentlich auffallend beim Aufblähen des runzlichen Kehlsackes, bei welchem in den Falten immer dergleichen kleinere und anders gefärbte Tuberkeln liegen. Im Allgemeinen aber sind diese Veränderungen unbedeutend und haben mit dem wirklichen Farbenwechsel nichts zu schaffen, denn bei ihm wird die Farbe der einzelnen Hauttuberkeln selbst geändert. Auf diese nun hat nach den übereinstimmenden Beobachtungen von *Milne-Edwards* und von mir das Aufblähen keinen Einfluss. Die Thiere wechseln zwar oft, aber nicht immer, beim Aufblähen die Farbe, und wenn diese beiden Erscheinungen zusammen vorkommen, so ist nicht die eine Folge der andern, sondern beide haben eine gemeinsame Ursache, nämlich den veränderten Erregungszustand des Thieres.

Unrichtig ist es ferner, wenn *Murray* (vergl. Seite 188) angiebt, dass die Haut des Chamäleons, wenn man einen leichten Druck auf sie ausübt, erblasse, indem sie unter seiner Thermometerkugel hell geworden sei. Dieses Hellwerden rührte von der Beschattung, nicht vom Drucke her, wovon man sich leicht überzeugt, wenn man den Druck mit einer Glasplatte,

z. B. einem Objectträger, ausübt und dann sieht, dass derselbe ohne alle Wirkung bleibt. Eben so wenig hat es mir gelingen wollen, in der abgezogenen Haut das dunkle Pigment durch rein mechanische Mittel, wie *Milne-Edwards* dieses 'angiebt, an die Oberfläche und wiederum in die Tiefe zu befördern.

[208] *Aristoteles* sagt, dass die Thiere sterbend bleich (blassgelb ὠχρός) werden und es nach dem Tode bleiben; man kann dies aber nicht als allgemein gültig betrachten. Ein Chamäleon, welches ich tödtete, indem ich ihm das Herz ausschnitt, wurde in demselben Augenblicke schwarz und gelblich-weiss gefleckt. Beide Tinten waren in grossen Flecken ziemlich gleichmässig über den ganzen Körper vertheilt und schroff gegen einander abgegrenzt, so dass das Thier ein Ansehen hatte, welches ihm im Leben nie eigen gewesen war. Später wurden auch die hellen Flecke dunkler, so dass das Thier im Allgemeinen vielmehr dunkel als hell zu nennen war. Ein anderes Chamäleon, das ich tödtete, indem ich ihm die *Medulla oblongata* durchschnitt, wurde gleichfalls nicht blass, ja man kann sogar, wie wir oben gesehen haben, das Chamäleon unmittelbar nach dem Tode fast ganz schwarz machen, indem man ihm das Rückenmark zerstört. Zwei Chamäleonen aber, welche aufhörten zu fressen und an Entkräftung zu Grunde gingen, waren allerdings während des Todeskampfes hell. Nach dem Tode treten mit dem Absterben der einzelnen Partien des Nervensystems unregelmässige dunkle Flecken auf, die sich aber nicht über den ganzen Körper verbreiten, so dass der grösste Theil desselben hell bleibt, woraus es wahrscheinlich wird, dass in den contractilen Elementen der Haut eine Todtenstarre oder doch ein dieser sehr ähnlicher Zustand eintritt.

Endlich muss ich noch die sechste und letzte der von *Milne-Edwards* aufgestellten Thesen besprechen, welche aufmerksam macht auf die Analogie, welche zwischen dem Farbenwechsel der Chamäleonen und dem der Cephalopoden stattfindet. Wer den letzteren selbst näher untersucht oder die Arbeiten von *Rudolph Wagner*[1]) über die Chromatophoren

---

1) Ueber das Farbenspiel, den Bau der Chromatophoren und das Athmen der Cephalopoden, Isis 1833, S. 159. Ueber die merkwürdige Bewegung der Farbenzellen der Cephalopoden und über eine muthmasslich neue Reihe von Bewegungsphänomenen in der organischen Natur, *Wiegmann's* Archiv, 1841, 1 S. 35.

der Sepien gelesen hat, dem wird es sofort einleuchten, dass
eine solche Analogie wirklich existirt, indem auch bei den
Cephalopoden die Oberfläche bald dunkler, bald heller gefärbt wird, je nachdem ein dunkles in eigenen Zellen abge-
lagertes Pigment der Cutis mehr oder weniger Raum unter
derselben gewinnt. Ich selbst hatte niemals lebende Cephalopoden gesehen und da man mir den Transport derselben nach
Wien als unmöglich schilderte, so hatte ich schon die Hoff-
nung aufgegeben, den Farbenwechsel dieser Thiere, der mich
nun so lebhaft interessirte, aus eigener Anschauung kennen
zu lernen, als es Herrn Apotheker *Bartolomäo Biasoletto* in
Triest, durch den kräftigen Schutz, den unser würdiger Präsi-
dent, der Herr Handelsminister Ritter *von Baumgartner*, der
Sendung angedeihen liess, gelang, mir ein Exemplar von *Octopus vulgaris*, zwar nicht lebend im gewöhnlichen Sinne des
Wortes, aber doch noch in reizbarem Zustande zu senden.
Dieses Thier hatte den Weg vom Postamte in Triest bis in
meine Wohnung in vierunddreissig Stunden zurückgelegt, und
obgleich ich noch zwei Stunden auf hinreichendes Tageslicht
warten musste, so konnte ich selbst nach dieser Zeit mittelst
des Magnetelectromotors nicht nur die Muskeln zur Zusammen-
ziehung bewegen, sondern auch noch einen localen Farbenwechsel hervorbringen. Hier zeigte sich nun sogleich ein sehr
interessanter Unterschied von den Erscheinungen, die beim
Chamäleon beobachtet waren, denn ich konnte mittelst der
Electroden des arbeitenden Instrumentes zwar an hellen Stellen
dunkle Flecken, aber nicht umgekehrt an dunkeln Stellen helle
Flecken hervorrufen, so dass hier also die dunkle Farbe entschieden den activen, die helle entschieden den passiven Zustand darstellt.

Die Art, wie die dunkeln Pigmentzellen[1] bei der Farbenänderung der Haut ihre Form verändern, hat mit Recht immer

---

1) Ich folge hier der Bezeichnungsweise *R. Wagner's*, der die
Chromatophoren der Sepien Zellen nennt, während *Kölliker* (Ent-
wickelungsgeschichte der Cephalopoden, Zürich 1844) und *Emil
Harless* sie nicht für solche halten. Die Grösse kann kein ent-
scheidendes Moment sein; auch fand *Kölliker* den Durchmesser der
Chromatophoren, wenn sich in ihnen zuerst das Pigment zeigt, nur
0·006—0·009 Linien. Er sagt, zu dieser Zeit habe darin eine Embryonalzelle mit ihrem Kerne gelegen; aber auch in jeder Ganglien-
kugel liegt ein Gebilde, das von einer gekernten Zelle nicht zu
unterscheiden ist, und doch stehen wir nicht an, die Ganglienkugeln
den Zellen beizuzählen, da ihre structurlose Hülle, sowie die Scheide

so sehr das Erstaunen der Beobachter erregt. Im passiven Zustande sind sie kleine schwarze sphäroidische Massen, im activen aber flache Schollen von bedeutender Ausdehnung, in welchen [209] das nun in dünnerer Schicht ausgebreitete Pigment im durchfallenden Lichte mit schön purpurbrauner Farbe erscheint. Der Umriss der von oben gesehenen Schollen ist polygonal und die Ecken des Polygons sind oft in Spitzen ausgezogen, während die Seiten desselben concav sind. Wenn man ausserdem sieht, dass sich an die concaven Seiten auch concave Flächen anlegen, so kann man sich kaum der Vorstellung erwehren, dass an den Ecken des Polygons Kräfte wirken, welche die Zelle nach verschiedenen Richtungen auseinanderzerren, und in der That hat schon im Jahre 1846 *Emil Harless* (Archiv für Naturgeschichte, 12. Jahrgang, 1. Heft, Seite 34) am Loligo, der sich noch mehr zu diesen Untersuchungen eignen soll, nachgewiesen, dass sich an eben jenen Ecken contractile Fasern anheften, deren Verkürzung die Ausbreitung der Chromatophore bewirkt. Wenn man die Electroden entfernt, so nehmen die Zellen nach kurzer Zeit wieder ihre alte Form an.

Ich weiss nicht, warum *Harless* dieselben (S. 41) contractile Säcke nennt. Ich habe keine Spur von Contractilität an ihnen wahrgenommen, und *Harless* selbst leitet, S. 39, das Zurückgehen derselben in die rundliche Form mit Recht von der Elasticität ihrer Wandungen ab. Ausser diesen schwarzen oder rothbraunen Pigmentzellen führt die Haut von *Octopus vulgaris* nur noch gelbe, welche aber ihre Form nicht verändern.

Schon aus der Abbildung von *Carus* (*Nova Acta naturae curiosorum* XII, P. I, p. 319) war es mir unwahrscheinlich geworden, dass alle Farben des Thieres von diesen beiden Pigmenten herrühren sollten. Noch mehr war dies der Fall, als ich das Thier im frischen Zustande vor mir sah. Ich

---

der Nervenröhre, die von ihr ausgeht, in ihrer ersten Anlage die Wand einer Embryonalzelle ist. Dass keine Membran nachzuweisen sei, welche die Pigmentkörner einschliesst, muss ich bestreiten. Dieselbe lässt sich namentlich bei Verschiebung und Zerreissung der Chromatophoren deutlich als solche unterscheiden. Die Pigmentkörner flottiren in ihrem Inhalte, der, wie es scheint, eine gerinnbare Substanz enthält, da die Körner in ihm, so lange das Leben noch nicht völlig erloschen ist, gleichmässig vertheilt sind, sich später aber in einzelne Gruppen sondern.

bemerkte nämlich, dass es im eigentlichen Sinne des Wortes
opalisirte, das heisst, dass unter seiner trüb-weisslich durchscheinenden Oberfläche wie beim Edel-Opal mannigfache Farben,
namentlich schöngrüne und blaue Tinten hervorschimmerten.
Die mikroskopische Untersuchung der Haut im auffallenden
Lichte belehrte mich bald über Ursache derselben. In ihr
waren nach unten von den Pigmentzellen zahllose sehr kleine
Flitterchen eingestreut, welche die lebhaftesten und verschieden-
artigsten Farben reflectirten.

Es ist mir nicht zweifelhaft, dass diese Farben wiederum
Interferenzfarben dünner Blättchen sind. Erstens spricht dafür der ausserordentliche Glanz und die Lebhaftigkeit der
Farben und zweitens der Umstand, dass alle Farben, welche
hier vorkommen, einer bestimmten Abtheilung der Farbenscala
entnommen sind, es sind nämlich keine anderen als die des
dritten *Newton*'schen Ringsystemes, welche vom Violett auf-
wärts bis zum Roth vollständig und in allen Abstufungen vertreten sind. Namentlich häufig waren an meinem Exemplare
blaue, meergrüne, grasgrüne und gelbgrüne Flittern. Die
complementären Farben bei durchfallendem Lichte konnte ich
zwar nicht zur Anschauung bringen, es erklärt sich dies aber
aus der ausserordentlichen Kleinheit der Flittern. Man muss
sich erinnern, dass, wenn wir mit unsern zusammengesetzten
Mikroskopen die Gegenstände bei durchfallendem Lichte untersuchen, unsere Netzhaut kein Bild derselben im gewöhnlichen
Sinne des Wortes empfängt, sondern der Schatten des Objects
auf sie geworfen wird. Wenn nun auch der Effect der Beu-
gung bei grösseren Gegenständen so gering ist, dass er nicht
wahrgenommen wird, so kann er doch bei einem so kleinen
Objecte, wie das in Rede stehende, die optischen Eigenschaften
desselben sehr wohl verdecken. Vielleicht mochte auch die
Intensität der im durchfallenden Lichte interferirenden Wellen-
züge so verschieden sein, dass die Farbe an sich nur sehr
schwach ausfallen konnte. Desshalb sah man die Flittern,
wenn sie von unten beleuchtet waren, nur als einzelne helle,
mattgelbliche oder bräunliche Punkte, von einem dunkleren
Rande umgeben.

Nachdem diese Thatsachen ermittelt sind, lassen sich
folgende Aehnlichkeiten und Unterschiede aufstellen zwischen
dem Chamäleon und dem Octopus, der schon von den Alten
unter dem Namen πολύπους seines Farbenwechsels wegen immer
neben diesem genannt wird.

[210] 1. Bei beiden Thieren sind die Farben, welche sie zeigen, theils Interferenzfarben, theils rühren sie von Pigmenten her, aber beim Chamäleon werden die Interferenzfarben durch Epidermiszellen erzeugt, welche als solche über den Pigmentzellen liegen, während sie beim Octopus von Flitterchen herrühren, die in der Cutis unter den Pigmentzellen liegen.

2. Bei beiden Thieren kommen zwei Pigmente vor, ein helles und ein dunkles, aber beim Chamäleon decken sie die ganze Oberfläche, beim Octopus sind ihre Zellen nur mehr oder weniger dicht unter der Oberfläche gesäet und werden in beträchtlichen Strecken derselben ganz vermisst.

3. Bei beiden Thieren ist das dunkle Pigment das bewegliche, das helle das ruhende,[k]) aber die Art der Bewegung ist bei beiden verschieden. Während beim Octopus die Gestalt der Zelle auch immer die Gestalt des in ihr enthaltenen Pigmentes darstellt, indem dieses überall in ihr vertheilt ist, können beim Chamäleon bedeutende Partien der weitverzweigten Zelle ganz von Pigment entleert werden. Beim Chamäleon kann das dunkle Pigment sich völlig hinter dem hellen verstecken und dann wieder hervortreten, um seinerseits das helle vollständig zu verdecken; beim Octopus dagegen verschwindet das dunkle Pigment nie ganz, sondern zieht sich nur das eine Mal in kleine, die Haut wenig färbende Klümpchen zusammen, während es das andere Mal in breite flache Schollen ausgedehnt die Farbe derselben bedeutend verdunkelt.

4. Bei beiden Thieren kann man den Farbenwechsel hervorrufen, indem man elektrische Ströme als Hautreiz einwirken lässt, aber bei dem Chamäleon weisen sie den hellfarbigen, beim Octopus den dunkelfarbigen Zustand als den activen nach.

# Anmerkungen.

Von den zahlreichen wissenschaftlichen Arbeiten *E. Brücke's* wurde die vorliegende zu einem Wiederabdruck in den »Klassikern« gewählt, weil sie besonders geeignet erscheint die ganze Eigenart und Kraft des merkwürdigen Mannes erkennen zu lassen: die umfassenden, nicht blos naturwissenschaftlichen Kenntnisse, die methodische Durchbildung, die feinsinnige Beobachtung und das besonnene Urtheil. Der Inhalt der Abhandlung ist von allgemeinstem Interesse. Der Farbwechsel durch bewegliche Gewebselemente ist eine im Thierreich sehr verbreitete, mit den Lebensbedingungen innig zusammenhängende Erscheinung. Durch neuere Untersuchungen ist es sehr wahrscheinlich geworden, dass auch der von der Jahreszeit und dem Klima abhängige Farben- und Haarwechsel der Säugethiere, die unter gleichen Umständen stattfindenden Veränderungen in dem Pigmentgehalt der menschlichen Haut an die Anwesenheit solcher wandernder oder doch beweglicher Gewebselemente gebunden ist. Was hier langsam vor sich geht nimmt beim Chamäleon durch die Raschheit der Aenderungen, die Brillanz und Mannigfaltigkeit der Farben die Aufmerksamkeit gefangen. Welche Schwierigkeit das Verständniss der Erscheinung bereitet, davon giebt die in der Abhandlung zusammengestellte zwei Jahrtausende umfassende Litteratur ein beredtes und anziehendes Beispiel.

Die Abhandlung ist unverkürzt abgedruckt. Die in eckige Klammern eingeschlossenen Zahlen beziehen sich auf die Seiten des Originals.

---

a) *Zu S. 3.* Die beiden Worte sind überflüssig und offenbar durch ein Versehen stehen geblieben.

b) *Zu S. 33.* Für diese Einheit ist jetzt der Name Mikron ($\mu$) gebräuchlich.

c) *Zu S. 35.* Eine gute Darstellung der Newton'schen Interferenzfarben in Farbendruck findet sich in: *Rosenbusch,*

Mikroskopische Physiographie der Mineralien und Gesteine, Stuttgart 1887; ferner: *Ambronn*, Anleitung zur Benutzung des Polarisationsmikroskopes, Leipzig 1892.

d) *Zu S. 37.* Der Farbenwechsel bei Hyla sowie bei Rana temporaria ist inzwischen von *Biedermann* einer sorgfältigen Untersuchung unterworfen worden (Arch. f. d. ges. Physiologie 1892, Bd. 51, S. 455). Auf dieselbe wird im Folgenden noch zu verweisen sein. Man findet dort auch die Litteratur des Gegenstandes, welche seit *Brücke's* Abhandlung erschienen ist. Bringt man das über den Interferenzzellen ausgebreitete gelbe Pigment zur Contraction, so erscheinen die Interferenzzellen blau (trübes Medium auf dunklem Grunde). Das Grün des Frosches muss demnach als eine Subtractionsfarbe aus dem Blau der Interferenzzellen und dem Gelb des Pigmentes aufgefasst werden. *Biedermann* a. a. O., S. 464.

e) *Zu S. 41.* Diese Abhandlung erschien noch im selben Jahre in den Sitzungsber. der Wiener Akad. der Wiss., Bd. 9, S. 530, ferner in *Poggendorff's* Ann., Bd. 88, S. 363. In populärer Darstellung behandelt *Brücke* dieselbe Erscheinung in seiner »Physiologie der Farben«, Leipzig, I. Aufl. 1866. II. Aufl. 1887.

f) *Zu S. 43.* Auch das helle (weisse oder gelbe) Pigment ist wahrscheinlich beweglich. Für Hyla, Rana temp., sowie für den Goldfisch ist die selbstständige Beweglichkeit des gelben Pigmentes durch *Biedermann* (a. a. O.) nachgewiesen. Die Auswahl der möglichen Farben wird dadurch noch grösser. Speziell beruhen die grauen Töne auf einer Retraction des gelben Pigmentes.

g) *Zu S. 51.* Seitdem sind Nervenfasern, welche statt Contraction Erschlaffung herbeiführen, vielfach nachgewiesen worden: für die glatte Musculatur des Darms, der Gefässe; für die quergestreifte der Krebsscheere etc. Beim Frosch wird das schwarze Pigment durch Nervenreizung geballt (contrahirt) das gelbe ausgebreitet (erschlafft). *Biedermann* a. a. O., S. 502.

h) *Zu S. 53.* Die Erweiterung der Pupille ist der Thätigkeit eines besonderen Nerven, des Halssympathicus, zuzuschreiben.

i) *Zu S. 53.* Neben der reflectorischen oder indirecten Beeinflussung der Pigmentzellen ist unter verschiedenen Umständen auch eine unmittelbare bemerkbar. Vgl. insbesondere *Steinach*, Centralbl. f. Physiologie. 1891. S. 326; ferner »Ueber Farbenwechsel bei niederen Wirbelthieren«. Wien 1891.

*Biedermann* hat die directe Wirkung der Kohlensäure, des Sauerstoffs, des Curare und anderer chemischer und physikalischer Agentien auf die Pigmentzellen nachgewiesen. Im allgemeinen kommen aber die directen Wirkungen erst in zweiter Linie in Betracht; die Farbenänderung durch nervöse Einflüsse ist das Vorherrschende. Bezüglich der directen Lichtwirkung auf Organismen muss auch auf die Arbeiten von *J. Loeb* über Heliotropismus, Sitzungsber. d. Würzb. physik.-med. Ges. 1888 und weitere Abhandlungen in *Pflüger's* Arch., Biolog. Centralblatt und Zool. Jahrb. verwiesen werden. Hieher gehören ferner die Bewegungen der Netzhautelemente unter dem Einfluss des Lichtes, welche von *Czerny* (1867), *Boll* (1877), *Kühne* (1877), *Engelmann* (1884) u. A. studirt worden sind.

    k) *Zu S. 61.* Man vgl. hierzu Anm. 5.

Druck von Breitkopf & Härtel in Leipzig.

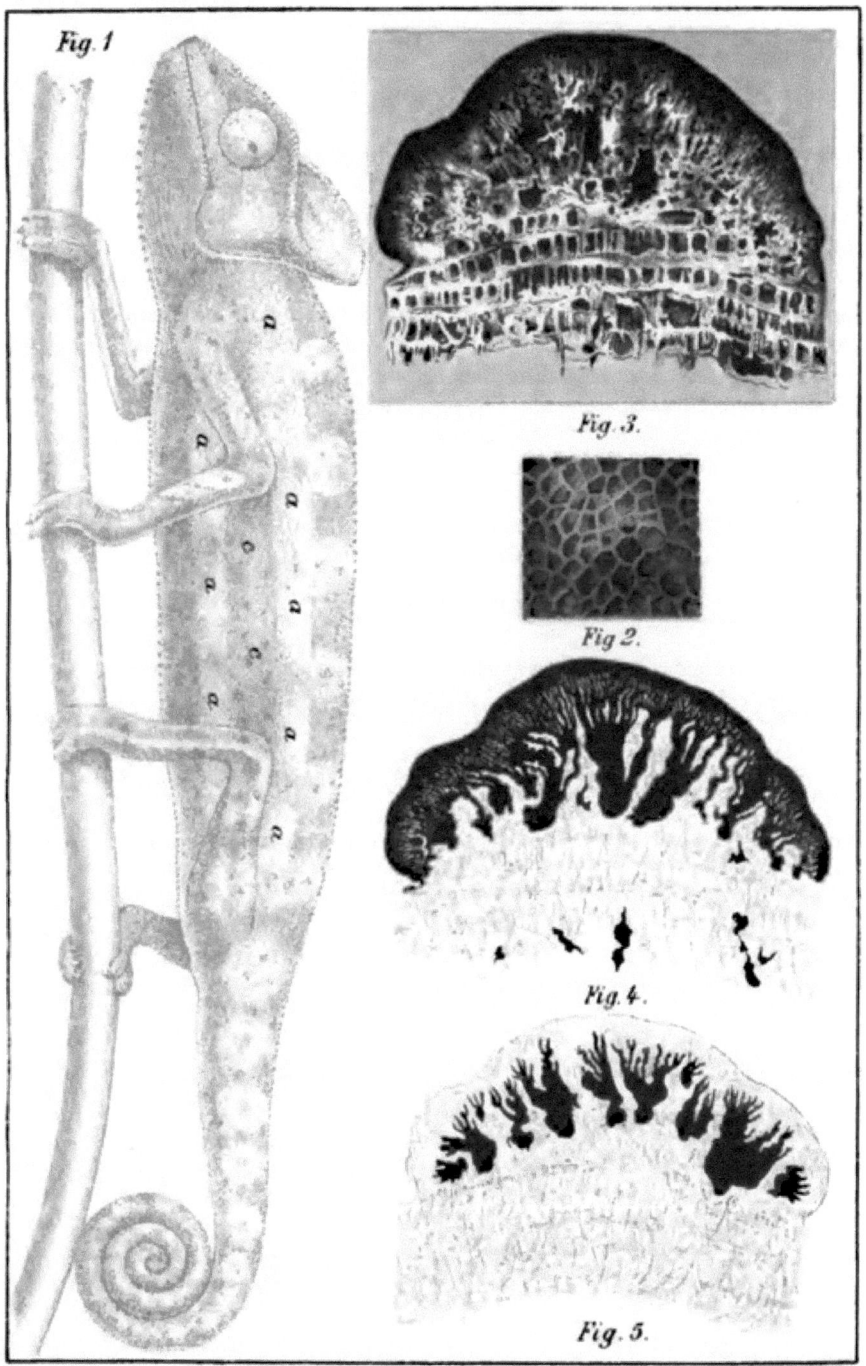

Fig. 1

Fig. 3.

Fig 2.

Fig. 4.

Fig. 5.

Verlag v. Wilh. Engelmann, in Leipzig.      Lith Anst. Julius Klinkhardt, Leipzig.

Leipzig; die einzelnen Ausgaben werden durch hervorragende Vertreter der betreffenden Wissenschaften besorgt werden. Die Leitung der einzelnen Abtheilungen übernahmen: für Astronomie Prof. Dr. Bruns (Leipzig), für Mathematik Prof. Dr. Wangerin (Halle), für Krystallkunde Prof. Dr. Groth (München), für Pflanzenphysiologie Prof. Dr. W. Pfeffer (Leipzig), für Chemie Prof. Dr. W. Ostwald (Leipzig), für Physik Prof. Dr. Arthur von Oettingen (Leipzig).

Um die Anschaffung der Klassiker der exakten Wissenschaften Jedem zu ermöglichen und ihnen weiteste Verbreitung zu sichern, ist der Preis für den Druckbogen à 16 Seiten von jetzt an auf ℳ —.25 festgesetzt worden. Textliche Abbildungen und Tafeln jedoch machen eine entsprechende Preiserhöhung erforderlich.

———◦◦———

Es sind bis jetzt erschienen aus dem Gebiete der

## Physiologie:

Nr. 6. **E. H. Weber**, Über die Anwendung der Wellenlehre auf die Lehre vom Kreislaufe des Blutes etc. (1850.) Herausg. v. M. v. Frey. Mit 1 Taf. (46 S.) ℳ 1.—.

» 18. Die Absonderung des Speichels. Abhandlungen von **C. Ludwig, E. Becher** u. **C. Rahn.** (1851.) Herausg. von M. v. Frey. Mit 6 Textfiguren. (43 S.) ℳ —.75.

» 43. **Ernst Brücke**, Untersuchungen über den Farbenwechsel des afrikanischen Chamäleons. (1851 u. 1852.) Herausgegeben von M. v. Frey. Mit 1 Tafel. (64 S.) ℳ 1.20.

### Wilhelm Engelmann.